商用級 AIGC

繪畫創作與技巧

Midjourney
+
Stable Diffusion

AI 繪畫是藝術創作領域一項前所未有的變革，

它的出現，可能會徹底改變藝術家們沿襲了數千年的創作方法。

AI 繪畫技術的影響是深遠的，我們仍處在這次技術浪潮的初期，
但已經可以預見在不遠的將來，插畫、設計等領域將因之迎來鉅變。

菅小冬 著

目錄

目録

內容簡介

　　本書圍繞 AI 繪畫這個主題展開，介紹 AI 繪畫的基礎知識以及 Midjourney 和 Stable Diffusion 兩大流行 AI 繪畫工具的用法。

　　本書共 10 章，內容細緻，邏輯清晰，語言通俗易懂，從 AI 繪畫的基本概念以及發展歷史講起，隨後結合 Midjourney 和 Stable Diffusion，詳細介紹 AI 繪畫的使用方法以及常用技巧，同時本書還包含大量範例，以幫助讀者更容易理解內容。

　　本書適合對 AI 繪畫有興趣的各類讀者，還可以作為相關院校的教材或輔導用書。

作者簡介

菅小冬

網名：丁小兮

自由插畫師，創業公司藝術總監

視覺中國簽約插畫師

喜歡音樂、美食、電影

正在探索基於 AI 的藝術創作之路

前言

　　在過去的幾年中，AI 繪畫技術取得了令人矚目的進步，並隨著 Dall・E、Midjourney、Stable Diffusion 等產品的釋出進入大眾視野，迅速引起了廣泛的關注。彷彿就在一夜之間，很多人都開始談論 AI 繪畫，人們一邊驚嘆於它出色的能力，一邊又擔心它可能帶來的衝擊。

　　筆者從事設計和插畫工作多年，用過很多設計相關的軟體和平台，回顧這些年用過的設計工具，經常感慨技術發展之快，讓今天的藝術創作者們擁有了眾多以前難以想像的利器，從而大大提升了創作的效率。然而，所有這些工具給筆者帶來的驚訝，都不如去年注意到 AI 繪畫領域的進展時所受到的震撼。

　　與 Photoshop 等工具不同，AI 繪畫不僅能增強創作者已有的技藝，還能賦予創作者一些新的能力。更具體一點來說，使用 Photoshop 等工具進行創作，需要你本身具備一定的美術技能，而使用 AI 繪畫進行創作，即使你完全不會畫畫也可以創作出令人讚嘆的畫作。

　　AI 繪畫是一種前所未有的新事物，它令人興奮，同時也給人一種危機感，它的出現可能會為藝術創作領域帶來巨大的改變。

　　雖然 AI 繪畫背後的原理和細節十分複雜，但神奇的是，它所呈現出來的基本互動形式卻極為簡單，創作者只需輸入文字描述，AI 就能生成你想要的影像。這種形式本身就是技術與藝術結合到極致的一個美妙設計。

　　當然，儘管只要會打字就能使用 AI 繪畫，但要自如地驅動 AI 繪製出你心中理想的畫面，仍然需要了解很多細節與技巧。就如同攝影，儘

前言

管如今任何人都可以很方便地使用手機拍照,但要想拍出優秀的照片,仍然需要了解很多攝影知識。如果想深入學習 AI 繪畫,一本系統地介紹 AI 繪畫的書籍無疑會很有幫助,這便是編寫本書的目的。

本書的主要內容包括 AI 繪畫的基本概念、發展歷史以及目前最流行的兩大 AI 繪畫工具 —— Midjourney 和 Stable Diffusion 的詳細介紹和使用方法。在闡述理論知識的同時,本書還準備了大量範例,以幫助讀者更容易理解和掌握 AI 繪畫這一強大的工具。

本書適用於對 AI 繪畫感興趣、希望了解和學習這一領域知識的廣大讀者,包括但不限於藝術家、設計師、教育工作者、研究人員以及業餘愛好者。對於初學者,建議從頭到尾按順序閱讀;對於有一定基礎的讀者,可根據自己的需求有選擇地閱讀相關章節。

在編寫本書的過程中,筆者得到了很多人的幫助,特別要感謝編輯在本書編寫過程中給予的寶貴建議與指導。同時也要感謝我的家人,在創作過程中始終給予我包容和鼓勵。如果沒有他們,本書不可能順利完成。

AI 繪畫領域充滿了無限可能,希望本書能為你的 AI 繪畫之旅帶來啟發和幫助。

菅小冬

第 1 章
AI 繪畫簡介

技術的發展往往不是線性的，一項新的技術可能會先在實驗室中研究發展很多年，直到取得一些關鍵性的突破才能迎來轉捩點，進入應用的爆發期。目前，AI 繪畫技術就正在經歷這樣的轉捩點。

回想一下，5 年前甚至 3 年前，插畫師、設計師們是如何工作的？雖然與幾十年前乃至更早期的同行相比，現代創作者們有著更先進的工具，例如 Photoshop，但在將創意轉換為作品的過程中，他們與前輩們相比其實並沒有太多本質上的區別。大體上來說，每一幅作品的每一個細節，都需要一位創作者親手完成，因此創作者本身的繪畫技能是必不可少的，不同之處只是現代創作者們手中的工具更強大、更高效。

但這一現象在 AI 繪畫技術進入應用之後發生了變化，如今，創作者們僅透過非常簡單的輸入（如語言描述、草圖等）就可以得到複雜且精緻的影像，即使是並沒有受過繪畫訓練的人，也能創作出原本只有專業畫師才能完成的作品。

AI 繪畫技術的影響是深遠的，我們仍處在這次技術浪潮的初期，但已經可以預見，不遠的將來，插畫、設計等領域將因之迎來鉅變。

下面就讓我們一起步入 AI 繪畫的世界，學習 AI 繪畫的技能，並感受 AI 繪畫的魅力。

1.1　什麼是 AI 繪畫

　　AI 繪畫（Artificial Intelligence Painting）指的是應用人工智慧技術生成繪畫作品。這項技術的產生源於電腦科學、神經網路和機器學習等領域的發展。最早的電腦生成技術可以追溯到 1950 年代，近年來的發展則主要歸功於深度學習技術的進步以及硬體效能的提升。

　　從原理上來說，現代 AI 繪畫技術主要是透過神經網路大量學習藝術作品的風格和特徵，最後將所學的元素和風格融合到新的作品中，從而創作出新的繪畫作品。

　　雖然目前很多 AI 繪畫作品在細節上還有瑕疵，但也有不少作品場景恢宏、刻劃細膩，甚至超越了普通人類畫師的水準。

圖 1-1

　　如圖 1-1 所示的左右兩張圖，內容都是美味的蛋糕，但其中有一張是真實拍攝的照片，另一張則是由 AI 生成的圖片，你能看出哪一張是真實照片嗎？

　　在答案揭曉之前，我們先來介紹 AI 繪畫技術的形式，以及它究竟能做些什麼。

關注過 AI 繪畫領域動態的人應該知道在 Midjourney 等現在最流行的 AI 繪畫工具中，只要輸入文字提示詞，AI 就能生成對應的影像，整個過程如圖 1-2 所示。

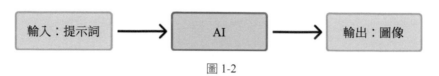

圖 1-2

這個過程頗為神奇，因此人們為輸入的文字提示詞（prompt）賦予了各種有趣的別稱，如「咒語」、「吟唱」等。在本書中，將統一稱之為「提示詞」。

在 AI 繪畫技術發展的早期，控制電腦進行自動繪畫是一件極具挑戰性的任務，通常需要編寫或輸入很多複雜的規則和數據，一般需要專業人士才能完成。然而，隨著技術的不斷改進，如今僅需簡單地輸入描述文字便能生成圖片，這便大大降低了 AI 繪畫的使用門檻，讓 AI 繪畫廣泛流行開來的同時，也讓更多的使用者、開發者以及投資者關注到了這個領域，為 AI 繪畫生態的良性發展提供了有力的支持。

那麼，使用提示詞都能畫什麼樣的畫呢？來看幾個例子。

圖 1-3 所示是在 Midjourney 平台使用提示詞「a cute cat」（一隻可愛的貓）生成的作品。類似這樣的圖片如果手繪可能需要幾個小時，但藉助 AI 繪圖，只需幾十秒就能輕鬆生成。

圖 1-3

如果希望生成的圖片更加真實，可以再新增「photo」等關鍵詞，讓生成的圖片像照片一樣，如圖 1-4 所示。

鏡頭的虛化，毛織物的質感，這個影像如此逼真，乍看之下，可能很多人會誤認為這就是一張真實的照片。

圖 1-4

當然，也可以根據每個人不同的喜好，生成各種其他風格的圖片，例如水彩風、像素風、平面風、漫畫風等，如圖 1-5 所示。

除了繪製這些常見型別的圖片，AI 繪畫還能創作各種富有想像力的畫面。例如，想像一下，如果一隻貓成了太空人，它會是什麼樣子的呢？藉助 AI 繪畫，可以很方便地將這樣的奇思妙想轉化為實際的圖片，如圖 1-6 所示。

圖 1-5

除了繪製人物或者動物，AI 繪畫在風景繪製方面也非常強大。如圖 1-7 所示，想像中的「雪山、瀑布」風景完美地融為一個整體。

繪製漫畫風格的風景也不在話下，如圖 1-8 所示。

圖 1-6

圖 1-7　　　　　　　　　　　　　　　圖 1-8

以上的例子只是對於 AI 繪畫能力的一個小小展示，這些例子能夠給之前不了解 AI 繪畫的人提供一個粗略的認識基礎。可以說，藉助 AI 繪畫，幾乎可以將自己想像的任何場景轉變為圖片。當然，要更好地操作 AI 繪畫也需要掌握一些技巧，更多的說明以及範例詳見後續章節。

在本小節結束之前，來回答一下最開始的那個問題，兩張美味的蛋糕照片中，左邊那張是真實拍攝的照片（拍攝者：Sara Cervera），右邊的則是 AI 生成的（Midjourney V 5.1）。你看出來了嗎？

1.2　為什麼要學習 AI 繪畫

AI 繪畫的發展讓很多人興奮，因為對業餘人士來說，AI 繪畫的出現大大降低了繪畫創作的門檻，同時對專業人士來說，如果應用得當，AI 繪畫可以大幅提升創作的效率。不過，也有很多人為 AI 繪畫的興起感到擔憂，認為 AI 繪畫缺乏真正的創造力，會對人類畫師的工作職位產生衝擊。無論支持哪一方觀點的人更多，有一點都是肯定的 —— AI 繪畫技

術不容忽視。無論是專業畫師，還是對繪畫有興趣的業餘愛好者，或者是工作和生活中有繪畫需求但不具備繪畫技能的人，都應該了解和學習 AI 繪畫，也許會因此開啟一扇新的大門。

說了 AI 繪畫的那麼多好處，下面就來看一看，和人類手工繪畫相比，AI 繪畫具體有什麼樣的優勢。

1.2.1 高效

得益於電腦以及先進演算法的應用，AI 繪畫可以在很短的時間內生成影像，無論你是想快速將創意變成作品，還是想快速生成大量指定型別的圖片，都能透過 AI 繪畫實現，這將大大提升創作的效率。

效率的提升可以帶來巨大的變化，例如原本需要非常努力才能趕上截稿時間時，如果 AI 繪畫提升了繪製的效率，就能更加從容地進行創作，有更多的時間完善細節，甚至還可以探索更多的創意方案。

1.2.2 創新

很多時候，創新並不是憑空生成的，而是根植於無數現有的作品，再由某位「妙手」向前推進一步而來。關於 AI 是否能進行真正的創新仍有很多爭議，但不可否認的是，AI 繪畫很擅長分析和學習大量的藝術作品，並進行風格遷移和混合創作，從某種意義上來說，這種混合創作也是創新的一種形式。

儘管這樣的創新也許有一些上限，但它們也常常能帶來全新的視覺體驗，從而為人類畫師帶來靈感。

1.2.3 個性化

在具備通用的繪畫能力的基礎上，AI 繪畫還可以透過訓練特定的數據集和模型，實現對指定風格和審美的捕捉與呈現，從而滿足個性化的繪畫需求。

1.2.4 可探索性

AI 繪畫可以模擬各種畫筆、顏料、紋理等效果，可以實現對各種藝術元素的無限組合和變化，加上它能以極高的效率執行，從而讓藝術家可以快速探索各種創作空間。

1.2.5 專業門檻低

AI 繪畫降低了繪畫技能的門檻，使用者無須具備專業的繪畫技能，也可以利用 AI 生成複雜精緻的作品。AI 繪畫能讓更多人嘗試繪畫創作，享受繪畫的樂趣。

當然，雖然 AI 繪畫有種種優點，現在也仍然存在很多不足。例如，目前流行的大部分 AI 繪圖工具或平台都是透過文字、圖片來生成影像，這一做法雖然簡化了圖片生成流程，但也使圖片細節的繪製難以控制。例如，如果對圖片的某個部分或者某個細節不滿意，想要進行微調，用文字描述調整起來可能會有一些困難。此外，目前 AI 繪畫在繪製人類手指等元素時還不太完美，常常出現手指數量或者姿勢與常識不符的情況。

然而，儘管存在這些不足，AI 繪畫工具仍然值得探索和學習。正如我們在使用工具時，通常不會期望一件工具百分之百完美並且能夠解決我們的所有問題一樣，AI 繪畫目前雖然存在諸多不足，但只要它確實能幫助創作者完成創作，那麼它就是值得學習和使用的。何況 AI 繪畫技術正處於

快速發展之中，今天所遇到的問題，在不久的將來或許就能得到解決。

　　另外，關於 AI 繪畫的作品是否有藝術價值或者有多大藝術價值，也是一個被廣泛爭論的議題。筆者認為，AI 繪畫現在與攝影技術剛出現時所面臨的情況有一些類似：攝影技術的出現影響了傳統肖像畫、風景畫的市場，雖然大部分照片在藝術價值上可能不如傳統繪畫，但時至今日，攝影已經無可爭議地成了一種專門的藝術形式。

1.3　AI 繪畫的應用場景

　　AI 繪畫是一項全新的技術，可以預見，它將大幅降低各類涉及影像的行業的創作成本，當它的品質足夠好，同時成本又足夠低時，必然會在各領域中得到大量應用。

　　下面介紹一些可能的應用場景。

1.3.1 藝術創作

　　AI 繪畫目前已經引起了大量藝術家和設計師的關注，藉助 AI 繪畫，創作者們可以更快速地開拓創意，大幅提升創作的效率，甚至可以創作出一些之前難以完成的作品，如圖 1-9 所示。

圖 1-9

1.3.2 個性化設計

　　個性化設計通常是昂貴的，需要專業創作者花費一定的時間和精力才能完成，就如同相機發明之前，通常只有具有一定經濟或社會地位的人才能請得起畫師為自己創作肖像畫，但自從相機問世，尤其是在具有拍攝功能的手機流行起來之後，一個普通人一天的自拍照片數有可能超過一位古人一生的肖像畫數量。

　　除了自拍，使用者可能還會有很多個性化的設計需求，例如為自己打造一個獨特的社交網路頭像，為自己設計一件獨一無二的 T 恤，或者為自己的寵物生成一幅油畫，等等。在 AI 繪畫技術誕生之前，這類需求一般需要找專門的畫師定製才能完成，但有了 AI 繪畫，任何人都可以自己動手來繪製需求的圖片，如圖 1-10 所示。

圖 1-10

1.3.3 廣告與行銷

　　AI 繪畫可以用於製作更具吸引力的廣告，提升品牌的形象。甚至，AI 繪畫還可以透過分析消費者的喜好，專門生成更具針對性的廣告圖片，如圖 1-11 所示。

圖 1-11

1.3.4 遊戲與娛樂

　　AI 繪畫可以為遊戲和卡通片製作提供支持，生成更多樣化、更有創意的角色和場景。未來或許還可以根據遊戲的劇情進展，實時生成新的設計和元素，提升遊戲體驗，如圖 1-12 所示。

圖 1-12

1.3.5 教育

　　AI 繪畫可以用於教育領域，幫助學習繪畫的學生更容易理解和掌握繪畫技巧，例如可以為不同的學生提供有針對性的指導，並實時回饋。

　　除了美術教育，其他學科也能在 AI 繪畫技術的發展中受益。現在受限於成本，很多知識點並沒有配圖，藉助 AI 繪畫，也許我們可以為那些原本枯燥抽象的知識配製插圖甚至動畫，幫助學生更好地學習和理解知識，如圖 1-13 所示。

圖 1-13

1.3.6 時尚與服裝設計

利用 AI 繪畫技術，設計師可以快速生成新的服裝設計方案，提高設計效率。此外，AI 還可以根據時尚趨勢自動更新設計元素，幫助設計師保持與潮流同步，如圖 1-14 所示。

圖 1-14

1.3.7 建築與室內設計

　　AI 繪畫可以輔助生成建
築和室內設計方案，提高設
計效率。目前，要將設計方
案轉換為 3D 效果圖仍是一項
成本較高的工作，但已經有
一些團隊在探索使用 AI 生成
3D 效果圖的方案，並取得了
一些進展，如圖 1-15 所示。

　　另外，除了效果渲染，
AI 甚至可以進一步參與設計
的過程，例如透過分析使用
者需求和喜好，讓 AI 提供個
性化的設計建議等。

圖 1-15

1.3.8 影視後期製作

　　AI 繪畫可以用於影視後
期製作，如場景合成、特效
製作等。利用 AI 技術，可
以更快速地完成這些任務，
節省成本和時間，如圖 1-16
所示。

圖 1-16

1.3.9 文化遺產保護與復原

　　AI 繪畫可以輔助修復受損的藝術作品，如修補破損的畫作、雕塑等。透過分析原作品的風格和技法，AI 可以生成與原作品風格相近的修復方案，如圖 1-17 所示。

圖 1-17

　　以上列舉了一些 AI 繪畫可能的應用方向，然而這只是 AI 繪畫的冰山一角。可以預見，隨著 AI 繪畫的進一步發展，它一定會在各領域中找到應用並落地，為人們的學習和生活帶來翻天覆地的變化。

1.4　本章小結

　　AI 繪畫的出現顛覆了大多數人的認知，人們既擔心它對自身行業的衝擊，又猶豫要不要接納並學習這項新技能。

　　儘管關於 AI 繪畫仍有很多爭論，但不可否認，它確實帶來了很多正向的改變，在降低創作門檻的同時，也能讓創作者提高創作效率。無論

是專業的藝術創作者，還是業餘的繪畫愛好者，都可以學習 AI 繪畫，探索更多的可能。

　　AI 繪畫的應用前景非常廣闊，可以預見，隨著相關技術的進一步發展，AI 繪畫將在更多領域找到應用。

第 2 章
AI 繪畫的發展歷史

在深入學習之前,首先介紹一些 AI 的基本概念,並回顧一下 AI 繪畫的發展歷史。本章內容不涉及過於專業的知識,如果讀者迫不及待地想要開始實踐環節,可以跳過本章。但如果時間允許,仍然建議閱讀本章,因為這些基礎知識將有助於讀者更容易理解 AI 繪畫的工作原理。

2.1　什麼是人工智慧

人工智慧(Artificial Intelligence,簡稱 AI)是電腦科學的一個重要分支,是一門尋求模擬、擴展和增強人的智慧的科學和技術領域,涉及電腦科學、心理學、哲學、神經科學、語言學等多個學科。人工智慧的主要目標是使電腦或其他裝置能夠執行一些通常需要人類智慧才能完成的任務,如學習、理解、推理、解決問題、識別模式、處理自然語言、感知和判斷等。

人工智慧的發展可以分為兩大類 —— 弱人工智慧(Weak AI)和強人工智慧(Strong AI)。弱人工智慧是指專門設計用來解決特定問題的智慧系統,如語音識別、影像識別和推薦系統等。這些系統在某些特定任務上表現出高度的智慧,但它們並不具備廣泛的認知能力或自主意識。

強人工智慧則是指具有廣泛認知能力和類人意識的智慧系統,這種系統理論上可以像人類一樣處理各種問題,獨立地學習和成長。然而,儘管人工智慧領域已經取得了顯著的進展,但目前尚未實現強人工智慧。

本書所介紹的 AI 繪畫屬於弱人工智慧範疇。

人工智慧的歷史可以追溯到 1940 － 50 年代。那時，一批來自不同領域（數學、心理學、工程學、經濟學和政治學）的科學家開始探討製造人工大腦的可能性。1956 年，約翰‧麥卡錫（John McCarthy）等人在為著名的達特茅斯會議撰寫的提案中創造了「人工智慧」一詞，這次會議也正式將人工智慧劃分為一個新的領域。從那時起，人工智慧經歷了多次發展高潮和谷底。總體來說，人工智慧的發展可以分為四個階段。

1‧早期研究（1950 年代－ 60 年代）

第一個階段，科學家們集中精力研究基本的人工智慧概念和理論。代表性成果包括圖靈測試、第一個人工智慧程式（邏輯理論家）以及人工神經網路的基礎研究。

2‧知識表示與專家系統（1970 年代－ 80 年代）

第二個階段，研究重心轉向利用知識表示、推理和規劃技術，解決更複雜的問題。其間湧現出大量基於知識的專家系統，如早期的醫療診斷系統 MYCIN。

3‧機器學習與統計方法（1990 年代－ 21 世紀初）

第三個階段，人工智慧領域開始廣泛應用機器學習技術，尤其是統計學習方法。代表性技術包括支持向量機（SVM）、隨機森林以及早期的深度學習方法。

4‧大數據與深度學習（2010 年代－至今）

隨著大數據的興起和計算能力的提高，深度學習技術取得了突破性進展。諸如卷積神經網路（CNN）、循環神經網路（RNN）以及強化學習

等領域取得了重要成果。這一階段的人工智慧已在眾多應用場景中取得了顯著的成績，如影像識別、自然語言處理和自動駕駛等。

近幾年，人工智慧技術正在飛速發展，逐漸從實驗室走進人們的日常生活，並在許多領域產生了深遠的影響。例如，醫療領域的 AI 輔助診斷系統為醫生提供了更準確的診斷建議，提高了治療效果；教育領域的個性化學習系統使得學生能夠根據自己的需求和興趣進行定製化學習；金融領域的智慧投顧則為投資者提供了更加精準的投資建議和風險評估。

此外，在創意產業中，AI 也表現出了強大的潛力。例如在藝術、音樂和寫作等領域，越來越多的人類作者正在探索與 AI 共同創作的可能。

2.2　早期的電腦繪畫嘗試

早在 1950 年代，電腦科學家便開始嘗試使用演算法生成各式各樣的簡單或複雜的幾何圖形，儘管這些圖形與傳統繪畫存在很大差異，但它們象徵著電腦在藝術創作領域開始初步嘗試。

隨後的幾十年裡，越來越多的科學家和藝術家著手探索電腦繪畫的潛力，他們創作了很多印刷、素描、油畫、照片和數位藝術作品，其中一些人成為電腦藝術領域的先驅，為後人留下了眾多經典作品。

1960 年代，德國斯圖加特大學的哲學教授馬克思・本塞（Max Bense）成立了一個非正式的學派，他主張採用更科學的方法研究美學，這一主張對許多早期的電腦藝術從業者產生了深遠的影響。事實上，本塞教授是最早將訊息處理原理應用於美學的學者之一，他的演講廳也是世界上第一個電腦生成藝術展覽的舉辦地。

　　弗里德‧納克（Frieder Nake）在斯圖加特大學攻讀數學專業研究生期間加入了這個由本塞領導的學派，並成為核心成員。1965 年，納克釋出了一幅由電腦程式生成的畫作，名為〈向保羅‧克利致敬〉（*Hommage à Paul Klee*）（如圖 2-1 所示）。這幅畫作被認為是數位藝術運動先鋒時代的標誌性之作，是 1960 年代中期電腦藝術最早階段中最常被引用的畫作之一。

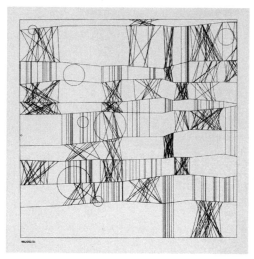

圖 2-1　向保羅‧克利致敬（1965），弗里德‧納克（Frieder Nake）

　　這幅畫的靈感源自保羅‧克利（Paul Klee）於 1929 年創作的〈大路與小道〉（High Roads and Byroads），現藏於德國科隆的路德維希博物館。納克借鑑了克利對比例及畫面中垂直與水平線條關係的探究，編寫了相應的演算法，並使用繪圖儀生成了這幅作品。

　　繪圖儀是一種機械裝置，用於固定畫筆或毛刷，並透過連線的電腦來控制其運動。在當時的技術背景下，電腦還沒有可以顯示影像的螢幕，藝術家需要藉助繪圖儀等工具將作品展現出來。在編寫電腦程式創作作品時，納克還特意將隨機變數融入程式，讓電腦在某些選項中基於機率自動做出選擇。

　　哈羅德‧科恩（Harold Cohen）是一位英國藝術家，曾代表英國參加 1966 年的威尼斯雙年展。1968 年，他成為加州大學聖地牙哥分校的客座教授，在那裡他接觸到了電腦程式設計。1971 年，他向秋季電腦聯合會議展示了一個初步的繪畫系統原型，並因此受邀以訪問學者的身分前往史丹佛人工智慧實驗室，1973 年，他在那裡開發了名為 AARON 的電腦繪畫程式。

　　AARON 的目標是實現獨立的藝術創作，它不同於之前的大部分僅能生成隨機圖片的同類產品，AARON 則能夠繪製特定的對象。不過，這個系統與現在被人們理解的人工智慧不同，它沒有透過海量數據學習繪畫，而是一個由開發者建構的「專家系統」，透過人工編碼大量複雜的規則來模仿人類的決策過程。此外，由於當時的電腦存在諸多限制，為了實現繪圖功能，科恩還開發了專用的外接裝置，利用機械臂在紙上移動畫筆進行作畫。

　　AARON 雖然只能按照科恩編碼的風格進行創作，但它能以這種風格繪製出無限的作品。圖 2-2 和圖 2-3 所示是科恩的兩幅作品。

圖 2-2　無題阿姆斯特丹組曲 11（1977），　　圖 2-3 第一批運動員，運動員系列（1986），
　　哈羅德‧科恩（Harold Cohen）　　　　　　哈羅德‧科恩（Harold Cohen）

科恩（或者說 AARON）的作品引起了全球的關注，曾在倫敦泰特現代美術館和舊金山現代藝術博物館等主要機構展出。

除了藝術方向的探索，也有科學家嘗試使用電腦繪製學術方向的影像。

本諾伊特‧曼德爾布羅特（Benoit Mandelbrot）是分形幾何的奠基人，他的名字與著名的曼德爾布羅特集合緊密相連。曼德爾布羅特集合是透過對複數疊代運算生成的分形圖形，這種圖形在電腦藝術中具有重要意義。

1978 年，羅伯特‧W‧布魯克斯（Robert‧W‧Brooks）和彼得‧馬特爾斯基（Peter Matelski）使用電腦繪製了第一張曼德爾布羅特集合的公開圖片，如圖 2-4 所示。

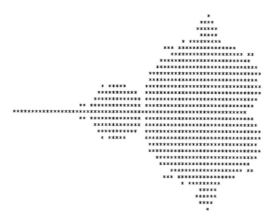

圖 2-4　第一張曼德爾布羅特集合的公開圖片（1978 年）

之後，1980 年，本諾伊特‧曼德爾布羅特本人在位於紐約約克鎮的 IBM 托馬斯‧沃森研究中心工作時生成了該集合的更高品質視覺化效果圖，如圖 2-5 所示。

曼德爾布羅特集合的定義非常簡單，但其產生的結構極為複雜，無論放大多少倍，都能發現它仍然包含著無限精細且自相似的細節，這也

是分形圖形最重要的特徵。如果不借助電腦而僅憑人力，曼德爾布羅特集合幾乎不可能被精確繪製。

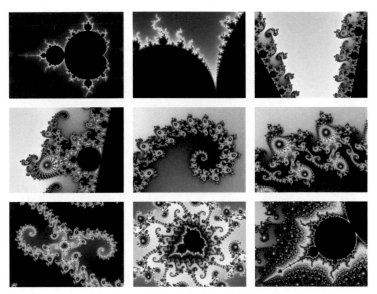

圖 2-5　曼德爾布羅特集合

到 1980 年代中期，電腦已經強大到足以以高解析度繪製和顯示複雜的圖形。由於獨特的美學魅力，曼德爾布羅特集合經常被選中用於演示電腦的圖形能力，它也因此變得更為流行，成為數學視覺化、數學美和主題（motif）的最著名範例之一。

這段時期雖然產生了很多讓人印象深刻的電腦繪畫作品，但它們在創造力以及藝術表現上仍然比較有限，因為它們背後的演算法規則仍然很簡單。1980 年代至 90 年代，神經網路和機器學習技術的出現，為電腦繪畫的發展帶來了新的可能性，這些技術允許電腦透過學習大量數據來模擬人類大腦的工作方式，從而在一定程度上實現智慧繪畫。

隨著新技術的應用，藝術家們能夠使用電腦創作出更為複雜和逼真的作品。

2.3　新技術的發展（2010 年代）

2010 年代，經過多年的累積，AI 繪畫技術進入了一個快速發展期。

ImageNet 是一個龐大的視覺數據庫專案，致力於推動視覺對象識別研究。該專案已經對超過 1400 萬張影像進行了手工標註，描述影像內容，其中至少有 100 萬張影像的標註還帶有邊界框。自 2010 年以來，ImageNet 每年都會舉辦一次電腦視覺競賽，以推動影像識別和分類技術的進步。

在 2012 年的比賽中，一個名為 AlexNet 的深度卷積神經網路（Convolutional Neural Network, CNN）的演算法表現卓越，遠超其他參賽作品，贏得了冠軍。這一成就被視為電腦視覺領域的一個重要里程碑，引起了廣泛關注。

AlexNet 主要應用於電腦視覺領域，特別是影像分類任務。然而，它的成功也對 AI 繪畫領域產生了深遠影響，許多研究人員受到啟發，開始探索 AI 在視覺藝術領域的潛力，為後續研究和應用奠定了基礎。

很快，AI 從影像中識別事物的能力得到了很大提升，研究人員繼續探索使用神經網路來生成圖片的能力，但收效甚微，AI 在創造上仍然困難重重。

2014 年的一天，伊恩・古德費羅（Ian Goodfellow）和一群博士生在喝酒慶祝時，有人向他提到了一個在實驗中遇到的問題：他們向演算法提供了數千張人臉照片，然後要求演算法利用從這些照片中學到的東西生成一張新面孔（生成建模），這個演算法偶爾會奏效，但結果不是很好，也不可靠。

伊恩聽後，突然想到一個絕妙的主意：既然使用一個神經網路效果不佳，那麼讓兩個神經網路相互對抗會怎樣？即為兩個演算法提供相同

的人臉照片基礎集，然後要求一個演算法生成新面孔，另一個演算法則對結果進行判別（生成與判別建模）。

伊恩很快完成了技術上的原型，證明了這個想法的確是可行的。這種技術如今被稱為生成對抗網路（Generative Adversarial Networks, GAN），被認為是過去 20 年人工智慧歷史上最大的進步。AI 領域傑出人物、百度前首席科學家吳恩達曾如此評價：GAN 代表著「一項重大而根本性的進步」。

GAN 的核心理念在於讓兩個神經網路展開激烈競爭，這兩個網路分別是生成器（Generator）和判別器（Discriminator）。生成器致力於製作盡可能逼真的影像，為此，工程師們在特定的數據集（例如人臉圖片）上訓練演算法，直到它能夠可靠地識別人臉，再根據演算法對人臉的理解，讓生成器創造一個全新的人臉影像。而判別器則專注於識別真實影像與生成影像的差異，這個演算法同樣經過充分訓練，可以區分人類拍攝的影像和機器生成的影像。

在訓練過程中，生成器與判別器互相較量，以提升各自的效能。簡單來說，生成器的目標是使產生的影像能夠欺騙判別器，讓判別器將生成的偽圖認作真實影像；而判別器的目標則是不斷提高自己的辨別能力，避免被騙過。兩個模型相互對抗，共同進步，最終實現了高品質的圖片生成。

GAN 取得了前所未有的突破，經過良好訓練的 GAN 能生成非常高品質的新影像，這些影像對於人類觀察者來說極具真實感，幾乎無法區分是真實影像還是 AI 生成的影像。正是因為如此，這個演算法一度成為 AI 繪畫的主流研究方向。

使用 GAN 生成的作品中最有名的應該是〈貝拉米肖像〉（Portrait de Edmond de Belamy，如圖 2-6 所示），2018 年該作品以 432,500 美元的價格被售出。

圖 2-6　〈貝拉米肖像〉（Portrait de Edmond de Belamy），由 GAN 生成

為了創作這幅作品，藝術家們使用了 15,000 幅 14 世紀至 20 世紀的肖像畫對演算法進行了訓練，然後再讓演算法生成新的肖像。

這幅肖像酷似法蘭西斯・培根，引發了關於其美學和概念意義的爭論，其高昂的售價也使其成為人工智慧藝術史上的一個里程碑。

GAN 獲得了巨大的成功與關注，但也存在一些問題。例如它的生成器和判別器有時會不穩定，輸出大量相似的作品；同時，GAN 需要大量數據和計算能力來訓練和執行，這使得它成本較高，難以推廣；除此之外，由於 GAN 的判別器的工作原理主要是判斷生成圖片與輸入圖片是否屬於同一類別，因此，從理論上來說，GAN 輸出的影像只是對輸入圖片的模仿，沒有創新。

2015 年，人工智慧在影像識別方向上再一次取得重大進展。演算法可以識別並標記影像中的對象，例如標識出圖片中的人物性別、年齡、表情等。一些研究者想到，這個過程是否可以反過來呢？即透過文字來生成影像是否可以實現呢？

　　很快，他們邁出了第一步，演算法的確可以根據輸入的文字生成不同的影像。雖然在最初的實驗中，這些生成的影像解析度都極低（只有 32×32 像素），幾乎完全看不清細節，但這已是一個讓人激動的開始。

　　2016 年，一個名為擴散模型（Diffusion Models）的新方法被提出，它的靈感來自非平衡統計物理學，透過研究隨機擴散過程來生成影像。如果可以建立一個學習模型來學習由於噪聲引起的訊息系統衰減，那麼也可以逆轉這個過程，從噪聲中恢復資訊。

　　簡單來說，擴散模型的原理為：首先向圖片新增噪聲（正向擴散），讓演算法在此過程中學習影像的各種特徵，然後，透過消除噪聲（反向擴散）來訓練演算法恢復原始圖片。這種方法與 GAN 的思路截然不同，它很快便在影像生成方面取得了優於 GAN 的效果，同時，在影片和音訊生成等領域也展現出不俗的潛力。

　　圖 2-7 所示為擴散模型從噪聲生成圖片的過程。

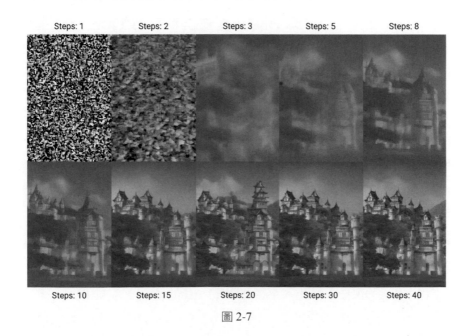

圖 2-7

使用擴散模型，可以有條件或無條件地生成影像。

無條件生成是指演算法從一張噪聲影像開始，完全隨機地將它轉換為另一張影像，生成過程不受控制。有條件生成則是指透過文字、類標籤等為演算法提供額外的訊息，引導或控制影像的生成。透過這些額外訊息，可以透過模型來生成使用者期望的影像。

目前，擴散模型是最主流的 AI 圖片生成方法，很多著名的平台或工具都基於它。

2.4　現代 AI 繪畫（2020 年代）

2010 年代 AI 繪畫領域取得了很多突破性的進展，但由於成本高昂、輸出不穩定等，影響範圍主要還是在學術界。直到 2020 年代，隨著一些關鍵技術的發明和改進，AI 繪畫迎來了「一日千里」的飛速發展，並且終於「破圈」，開始進入大眾的視野。一件有點巧合的事是，現在最流行的幾個 AI 繪畫工具或平台都是 2020 年之後誕生的。

2.4.1 DALL・E 2

2020 年，OpenAI 推出了具有突破性的深度學習演算法 CLIP（Contrastive Language-Image Pretraining，對比語言 —— 影像預訓練）。這一演算法在人工智慧領域產生了深遠影響，對人工智慧藝術的發展也帶來了重大變革。CLIP 將自然語言處理和電腦視覺相結合，能夠有效地理解和分析文字與影像之間的關係，例如把「貓」這個詞和貓的影像連繫起來，這就為建構基於文字提示進行藝術創作的 AI 提供了可能。

2021 年，OpenAI 推出了名為 DALL・E 的產品，它能根據任意文字

描述生成高品質影像。在此之前，雖然已經存在許多神經網路演算法能夠生成逼真的高品質影像，但這些演算法通常需要複雜精確的設定或者輸入，相較之下，DALL・E 透過純文字描述即可生成影像，這一突破性的改進極大降低了 AI 繪畫的門檻，並迅速成為流行的標準。

2022 年 4 月，OpenAI 又釋出了 DALL・E 2，這個功能更為強大的版本，生成的很多圖片已經基本無法與人類的作品區分。

圖 2-8 所示是 DALL・E 2 官網上的一個範例。

圖 2-8　An astronaut riding a horse in photorealistic style
一位太空人騎著馬，照片般的真實感風格

從圖中可以看出，雖然細節上或多或少還有一些問題，但已經實現了從文字到影像的飛躍。

不僅如此，DALL・E 2 還能擴展已有的影像。如圖 2-9 和圖 2-10 所示，分別為名畫〈戴珍珠耳環的少女〉以及 DALL・E 2 擴展之後的效果。

圖 2-9　戴珍珠耳環的少女

圖 2-10　DALL · E 2 擴展後的效果

　　除此之外，DALL · E 2 還能編輯已有的圖片，給它新增或刪除元素，或者對輸入圖片做一些改動並保持風格。

2.4.2 Imagen

　　2022 年 4 月，就在 DALL · E 2 釋出之後不久，Google 釋出了基於擴散的影像生成演算法 Imagen，也是一個透過文字生成影像的工具。

　　圖 2-11 ～圖 2-14 是 Imagen 官網上展示的一些範例。

圖 2-11　A photo of a raccoon wearing an astronaut helmet, looking out of the window at night
戴著太空人頭盔的浣熊在晚上望向窗外的照片

圖 2-12　A blue jay standing on a large basket of rainbow macarons
一隻藍鳥站在一大籃子彩虹馬卡龍上

圖 2-13　A transparent sculpture of a duck made out of glass
一個由玻璃製成的透明的鴨子雕塑

圖 2-14　Sprouts in the shape of text 'Imagen' coming out of a fairytale book
從童話書裡長出的新芽，顯示為文字「Imagen」的形狀

目前，Google 的 Imagen 尚不向公眾開放，只能透過邀請訪問。

2.4.3 Stable Diffusion

2022 年 7 月，一家創始於英國的名為 StabilityAI 的公司開始內測他們所開發的 AI 繪畫產品 Stable Diffusion，這是一個基於擴散模型的 AI 繪畫產品。人們很快發現，它生成的圖片品質可以媲美 DALL．E 2，更關鍵的是，內測不到 1 個月，Stable Diffusion 就正式宣布開源，這意味著如果有計算資源，就可以讓 Stable Diffusion 在自己的系統上執行，還可以根據自己的需求修改程式碼或者訓練模型，打造專屬的 AI 繪畫工具。

開源這一決策讓 Stable Diffusion 獲得了大量關注和好評，更多的人加入了它的社群，合作開發出了多個開源模型，針對各種不同的藝術風格數據集進行了精細調整。

Stable Diffusion 並不是第一個採用擴散模型的產品，在它之前，有一個名為 Disco Diffusion 的產品曾引起過業界的關注，它也是第一個基於 CLIP+Diffusion 的實用化 AI 繪畫產品。然而，Disco Diffusion 存在一

些較為嚴重的缺陷，其中最主要的兩個問題是作品細節不夠精細以及渲染圖片所需時間過長（以小時計），不過這兩個問題在 Stable Diffusion 中都基本得到了解決。

圖 2-15 所示是 Stable Diffusion 生成的一些影像。

圖 2-15

可以看到，它能處理各種不同的風格，一些圖片幾乎與人類拍攝的照片一樣真實。

2.4.4 Midjourney

Midjourney 是由同名公司開發的另一種基於擴散模型的影像生成平台，於 2022 年 7 月進入公測階段，面向大眾開放。

　　與大部分同類服務不同，Midjourney 選擇在 Discord 平台上執行，使用者無須學習各種煩瑣的操作步驟，也無須自行部署，只要在 Discord 中用聊天的方式與 Midjourney 的機器人互動就能生成圖片。這一平台上手門檻極低，但其生成的圖片效果卻不輸於 DALL‧E 和 Stable Diffusion，於是很快贏得了大量使用者。據 Midjourney 的創始人大衛‧霍爾茲 (David Holz) 介紹，僅在釋出一個月之後，Midjourney 就已經盈利。

　　和 Stable Diffusion 不同，Midjourney 是一個完全閉源的專案。自釋出以來，Midjourney 公司一直在改進演算法，每隔幾個月就會釋出新的模型版本，截至本書編寫完成，已經推出了第 5 版模型。

　　2022 年 9 月 5 日，在美國科羅拉多州博覽會的年度美術比賽中，一張名為〈太空歌劇院〉的畫作獲得了第一名，然而這幅畫並非出自人類畫家之手，而是由遊戲設計師傑森‧艾倫 (Jason Allen) 使用 Midjourney 生成，再經 Photoshop 潤色而來。它是首批獲得此類獎項的人工智慧生成影像之一，如圖 2-16 所示。

圖 2-16　Midjourney 生成的作品：太空歌劇院

此事經過新聞報導之後，引起了很大的反響。一些人類藝術家為此感到憤怒，還有人認為使用 AI 作畫並參加比賽是在作弊，就如同讓機器人去參加體育競賽一樣。不過作者艾倫回應：「我不會為此道歉。我贏了，我沒有違反任何規則。」兩個類別的評委之前並不知道艾倫使用 Midjourney 來生成影像，但後來他們都說如果他們知道這一點，他們同樣會授予艾倫最高獎項。

2.5　本章小結

電腦發明後不久，研究者和藝術家們便開始探索使用電腦繪圖的可能性。然而，在早期階段，受限於理論和技術，電腦繪畫主要依賴於簡單的演算法和規則，儘管取得了一定成果，但在創作複雜且充滿創意的藝術作品方面仍有所局限。

2010 年代，AI 繪畫迎來了重要的發展。這一時期，隨著人工智慧領域的飛速發展、硬體效能的提升、深度學習和神經網路技術的應用，這為 AI 繪畫帶來了革命性的突破，改變了人們對電腦繪畫的認識，卷積神經網路（CNN）和生成對抗網路（GAN）的出現使電腦能夠學習和理解不同的藝術風格，從而進行更為複雜和細膩的創作。

進入 2020 年代，AI 繪畫研究和應用變得更加廣泛，湧現出如 Stable Diffusion、Midjourney 等優秀的 AI 繪畫工具和平台，這些工具和平台不僅能繪製出令人驚豔的作品，而且大大降低了相關技術的使用門檻，使普通大眾也能參與，並藉助 AI 進行藝術創作。

如今，時代正處於 AI 繪畫發展的飛速時期。儘管 AI 繪畫仍存在不足和爭議，但其影響力已不可忽視，它正逐漸成為藝術創作的重要工

具。可以預見，隨著技術的進步，AI 繪畫將不斷拓展藝術創作的邊界，
為人類帶來無限的創意可能。

第 3 章
Midjourney 介紹

3.1 Midjourney 簡介

Midjourney 是一個由同名研究實驗室開發的人工智慧程式，自 2022 年 7 月 12 日起開始公開測試。

透過運用最新的 AI 技術，Midjourney 能根據使用者輸入的自然語言描述自動生成圖片，這意味著使用者無須具備任何藝術天賦或繪畫技巧，只需簡單地輸入一段文字描述，它便能創作出令人驚嘆的影像。

舉個例子，如果輸入「一隻藍色的獨角獸在星空下」，Midjourney 可能會生成一張藍色的獨角獸站在山頂，周圍環繞著五顏六色的星星和銀河的圖片。如果輸入「蒸汽龐克族風格的機器人」，它則可能創作出一幅金屬質感的老式機器人畫面，配以飛行物和煙囪等元素。

Midjourney 完全執行在雲端，沒有專用客戶端，使用者需要透過 Discord 平台與 Midjourney 機器人進行互動。因此，執行 Midjourney 對裝置硬體沒有很高的要求，無論是電腦還是手機，只要可以訪問 Discord 就能使用 Midjourney。

作為最早一批面向公眾的 AI 繪畫平台，Midjourney 自推出以來就廣受歡迎，目前已是最知名的 AI 繪畫平台之一，在業內影響力巨大。它的模型疊代速度很快，平均幾個月就會推出一個新版，目前最新的版本是 v 5.1 版。

通常來說，Midjourney 的模型版本越新，成圖效果越好，但這並非絕對。例如與第四版相比，雖然第五版整體效果更佳，但在某些型別的圖上第四版的效果可能更出色。

3.2　註冊 Midjourney

3.2.1 註冊帳號

要使用 Midjourney，需要訪問它的官網註冊一個帳號。

Midjoruney 的官網首頁如圖 3-1 所示，首頁上的主體內容是一個由很多字母組成的動態水波狀的圖案，非常酷。

Midjourney 目前還保持著 Beta 版的標記，要註冊 Midjourney 帳號，單擊圖 3-1 中首頁右下角的「Join the Beta」按鈕即可。如果已經有帳號，可直接單擊「Sign In」按鈕登入。

圖 3-1　Midjoruney 的官網首頁

單擊「Join the Beta」按鈕之後，會開啟 Discord 的頁面或者 APP。Midjourney 並沒有開發自己專屬的客戶端，而是將自己的主要功能完全

放在了 Discord 平台上。因此，要使用 Midjourney，還需要註冊一個 Discord 帳號。

Discord 是由美國 Discord 公司開發的一款專為社群設計的免費網路實時通話軟體與數位發行平台，如圖 3-2 所示。

圖 3-2

為自己取一個暱稱，單擊「繼續」按鈕，最後輸入 Email 和密碼，即可註冊成功。

3.2.2 Discord 使用介紹

按上述流程註冊並登入 Discord 之後，應該已經可以進入 Midjourney 的伺服器，如圖 3-3 所示。

如果沒有自動加入 Midjourney 伺服器，可訪問 Midjourney 的官網，再次單擊「Join the Beta」按鈕重新加入。

Discord 的使用中有兩個基本的概念：伺服器、頻道。伺服器可以理解為一個大群，頻道則是這個大群中以主題劃分的討論組，這也是 Discord 與其他社交軟體不同的地方，不同的話題可以在不同的頻道下面討論，防止各種主題混在一起導致混亂。

　　加入 Midjourney 伺服器後，可以去它的「NEWCOMER ROOMS」分組下的 newbies-xxx 頻道（例如圖 3-3 中的「newbies-36」頻道，你看到的可能是其他編號）看一看，這裡是專供新手熟悉 Midjourney 的地方，可以在其中看到很多其他人的發言以及繪畫記錄。使用者也可以在這裡了解 Midjourney 的繪圖效果，或者嘗試輸入自己的繪圖命令進行創作。

圖 3-3

3.3　Midjourney 的基本使用

3.3.1 基本概念

　　進入 Discord 的 Midjourney 伺服器，可以看到它和其他聊天軟體的介面很類似。可以在底部的聊天輸入框中輸入任意內容，並按 Enter 鍵發送，向頻道或者聊天對象發送訊息。

更重要的是，可以在聊天輸入框中發送命令，Midjourney 機器人收到命令後會執行對應的操作。輸入斜槓「/」，即可看到命令提示面板，如圖 3-4 所示。

圖 3-4

可以在面板中單擊選擇要呼叫的命令，也可以繼續在聊天對話方塊中手動輸入完整的命令並按 Enter 鍵。例如輸入「/info」命令並按 Enter 鍵，將看到如圖 3-5 所示的輸出。

圖 3-5

「/info」命令用於檢視帳號的訊息，包括訂閱訊息、已經畫了多少張畫等。Midjourney 繪畫並沒有傳統的圖形操作介面，使用者與 Midjourney 之間的互動基本都需要透過這些命令來進行，不過不用擔心，Midjourney 上手很簡單，常用的命令並不多，只需掌握最基礎的幾個命令就可以開始精彩紛呈的 AI 繪畫之旅。

3.3.2 在私聊中發送命令

可以在 Discord 的 Midjourney 伺服器上的公共頻道中發送命令，Midjourney 機器人會響應發送的命令。不過由於公共頻道中通常有很多使用者，發送的命令可能會很快被其他人的訊息淹沒，雖然機器人回應時會有提示，但有時仍需要在很多聊天記錄中上下翻找，較為麻煩，因此，一般建議在正式繪畫時和 Midjourney 機器人私聊。

私聊通常有兩種方式，一種是頻道的聊天記錄中找到 Midjourney 機 器 人（ 名 字 叫「Midjourney Bot」），單擊它的頭像，直接發私信給它。只要發過一次私信，Midjourney 機器人就會出現在私信列表中，如圖 3-6 所示。

可以在私聊中向它發送命令，這樣訊息就不會被其他人刷屏了。

第二種方式是自己建立一個伺服器，將 Midjourney 機器人新增到這個伺服器裡，然後在這個伺服器

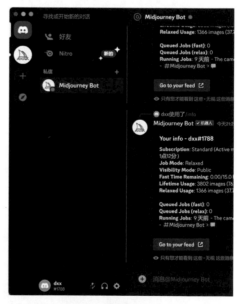

圖 3-6

中向它發送命令。這種方式的好處是還可以新增其他人到伺服器中，互相可以看到彼此的繪畫結果，並隨時交流。不過目前 Midjourney 沒有團隊版本，伺服器中的各使用者並不共享繪圖額度，即每個想繪圖的使用

者都需要單獨付費。

需要注意的是，以上兩種方式只是和 Midjourney 機器人可以單獨聊天，但預設情況下所生成的圖片仍然會在 Midjourney 網站上公開，任何人都可以看到。當然，同樣也可以在 Midjourney 網站上看到其他人的作品。要想真正隱藏生成的圖片，需要更新為專業版，具體見後面付費和訂閱部分的介紹。

3.3.3 繪圖命令

在 Midjourney 的使用中，繪圖命令「/imagine」無疑是最基本也是最重要的命令。

在聊天框中輸入「/imagine」並按 Enter 鍵，會提示輸入生成圖片的提示詞（prompt），如圖 3-7 所示。

圖 3-7

在對話方塊中輸入想生成的圖片的描述，按 Enter 鍵，Midjourney 就會根據輸入的文字生成圖片。需要注意的是，Midjourney 目前還只能理解英文，因此輸入的提示詞（prompt）也需要使用英文。

關於如何生成圖片的具體範例詳見下一節。

3.3.4 付費和訂閱

使用 Midjourney 繪畫，需要消耗繪畫時間，剩餘繪畫時間可透過「/info」命令檢視，如果沒有繪畫時間了，繪畫命令將失敗，想繼續繪畫需要付費。

在 Discord 向 Midjourney 機器人發送「/subscribe」命令，可以檢視付費方法，Midjourney 機器人會回覆一個連結，單擊此連結即可跳轉到服務的訂閱頁面。

除免費試用版，目前 Midjourney 共有三種套餐，分別為基礎版（Basic Plan）、標準版（Standard Plan）、專業版（Pro Plan）。各套餐繪圖的演算法和功能是一樣的，區別主要在於可以使用的 GPU 時間等權益上，具體如表 3-1 所示的對比。

表 3-1

	基礎版	標準版	專業版
月費	10美元	30美元	60美元
快速GPU時間	3.3小時 / 月	15小時 / 月	30小時 / 月
空間GPU時間	不支持	無限	無限
並行任務數[①]	3	3	12
隱私模式	不支持	不支持	支持

①當還有快速 GPU 時間剩餘時，可以同時執行的繪圖任務數。

使用 Midjourney 繪畫需要消耗 GPU 時間，具體時間取決於繪畫的內容、引數、採用的模型等，大體上來說繪製一幅畫需要幾十秒的時間，這個時間也會隨著 Midjourney 演算法的改進以及硬體的更新而變化。

預設情況下，繪圖會優先使用快速 GPU 時間，可以發送「/settings」命令調整。快速 GPU 時間用完之後，標準版和專業版使用者還可以繼續使用空閒 GPU 時間繼續繪畫，出圖效果與使用快速 GPU 時間一樣，只是耗時可能會長一些，尤其當 GPU 空閒資源不足時，可能需要等上幾分鐘，甚至更久。

前面提到，只有專業版使用者可以選擇隱藏生成的圖片，對於免費試用版、基礎版和標準版使用者來說，在 Midjourney 平台生成的圖片都是公開的，任何人都可以檢視。這一規則對於使用者間的互相學習和交流具有很大的促進作用。在 Midjourney 官網社群上，使用者可以瀏

覽眾多其他使用者生成的優秀作品，借鑑或者學習他們所使用的提示語（prompt），從而提升自己的創作技巧。

3.3.5 圖片權益

大家都很關心的問題是：使用 Midjourney 生成的圖片屬於誰？是否可以用於商業目的？

Midjourney 官網上有對這個問題的詳細說明。簡單來說，免費使用者生成的圖片不屬於自己，使用時要註明來源（來自 Midjourney），且不可商用；付費使用者（包括基礎版、標準版、專業版使用者）生成的圖片屬於自己，可用作任何用途，包括商用。

如果使用者代表的是一家年總收入超過 100 萬美元的公司，那麼需要購買專業版，否則生成的圖片將不可商用。

3.4 繪圖命令

接下來介紹最基本也是最核心的繪圖命令。

3.4.1 提示詞

在 Discord 聊天視窗，可以向 Midjourney 機器人發送「/imagine」命令進行繪圖，如圖 3-8 所示。

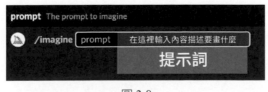

圖 3-8

可以在 prompt 後面輸入提示詞，即想畫什麼的文字描述，按 Enter
鍵即可將繪圖命令發送給 Midjourney 機器人。

需要注意的是，目前 Midjourney 的提示詞還只支持英文，如果輸入
其他語言，它不會報錯，但繪畫的結果將難以預料。

圖 3-9 所示是一個具體的例子，輸入提示詞「vibrant california pop-
pies」（充滿活力的加利福尼亞虞美人花）。

圖 3-9

按 Enter 鍵，過一會兒，Midjourney 將返回類似圖 3-10 所示的四張圖片。

需要說明的是，Midjourney 每次生成的圖片都有一些隨機變化，即
使在兩次繪畫中使用了相同的提示詞，生成的圖片也會不同 [01]。

提示詞可以非常簡潔，甚至一個單字或表情符號就足以生成圖片。
當提示詞非常簡短時，Midjourney 將按照預設風格美學自動填充。為了
讓生成的圖片具有更多個性化的風格特徵，可能需要輸入更詳細的提示
詞來描述所期望的內容。

寫提示詞的一個小訣竅是，最好描述想要什麼而不是不想要什麼。

另外，提示詞也不是越長越好，Midjourney 機器人並不能像人類一
樣理解語法、句子結構或單字的含義。在很多情況下，準確且具體的提
示詞會帶來更好的效果，過於冗長的提示詞往往會導致主題偏離。應該
盡量避免過長的定語從句，使用簡潔明瞭的單字，突出核心概念，以增
強每個單字的影響力。

---

[01]　也可以使用 --seed 引數來讓兩次繪畫的輸出相同，詳見下一章相關說明。

圖 3-10

　　在沒有明確方向時，模糊表述可能帶來意外收穫，缺失的描述將會被隨機生成，創作者可以從中獲取靈感，然後進一步優化提示詞。這個過程就像一位工匠不斷修改、調整、打磨自己的作品，使它逐漸趨近完美。

3.4.2 放大和微調影像

　　圖片下方還有一些按鈕，如圖 3-11 所示。

圖 3-11

這些按鈕按功能可以分為三組，分別為 U1 ～ U4 按鈕，V1 ～ V4 按鈕，以及一個重新整理按鈕。這三組按鈕的含義如下。

✎ U1 ～ U4 按鈕：放大指定編號的小圖。

✎ V1 ～ V4 按鈕：以指定編號的圖為基礎，做一些變化，生成四張新圖。

✎ 重新整理按鈕：根據當前提示詞重新生成四張新圖。

其中四個小圖按從上到下，從左到右的順序，分別編號為 1、2、3、4。

如果對某張圖比較滿意，可以單擊 U1 ～ U4 中對應的按鈕將它生成大圖。如果覺得某張圖已經比較接近想要的效果，但還想再微調一下看看，那麼可以單擊 V1 ～ V4 中對應的按鈕，以這張圖為基礎再生成四張圖，需要注意的是，新圖的變化是隨機的，有可能變得更好，也有可能比舊圖效果更差。

除了直接描述所需的圖片內容，「/imagine」命令還支持更多的引數，圖 3-12 所示是它的詳細引數說明。

圖 3-12

可以看到，提示詞（prompt）的內容從左到右，可以由三個部分組成，分別為提示圖片、提示文字、引數。其中提示圖片和引數都是可選的。

最前面的引數提示圖片是一個或多個圖片 URL 地址，可根據需要選擇是否傳遞。如果傳遞了提示圖片，Midjourney 會根據這些圖片以及後

面的提示詞進行繪畫，例如將兩張圖片融合，或者根據圖片中的內容創
作新的圖片等。當然，圖片 URL 必須是 Midjourney 的伺服器能訪問的地
址，否則命令會失敗。

3.5 本章小結

　　本章介紹了 Midjourney 的基礎知識，包括帳號註冊以及基本使用
方法。Midjourney 沒有專用的客戶端，使用者需在 Discord 平台與 Mi-
djourney 機器人進行互動。

　　使用 Midjourney 繪畫非常簡單，只需像聊天一樣在 Discord 中輸入
繪畫命令以及提示詞，Midjourney 機器人便會在後臺繪製圖片並返回。

　　對於每次繪圖命令，Midjourney 會返回四張候選圖片，可以單擊
U1 ～ U4 按鈕將最滿意的那張放大，或者單擊 V1 ～ V4 按鈕對指定圖片
再進行微調。

　　透過本章的學習，讀者應該對 Midjourney 的使用有了基本的了解，
歡迎繼續閱讀後續章節了解更多細節以及技巧。

第 4 章
Midjourney 的常用設定以及引數

第 3 章介紹了如何註冊和使用 Midjourney。現在，讀者應該已經對如何在 Midjourney 上進行繪畫有了初步的了解，具備了進行基本創作的能力。

Midjourney 上手很簡單，使用預設設定，就能生成美觀的圖片。然而作為一款專業工具，它也提供了很多可自定義的設定和引數，以幫助創作者創作出更符合期望的作品。本章將進一步探討各常用設定以及引數。

本章涉及較多細節，如果讀者想盡快開始創作，可以快速瀏覽一遍本章，對常用設定以及引數有一個大致的印象，等後續創作過程中遇到問題再隨時回來查閱。

4.1 設定

Midjourney 將一些全域性的常用設定集中在了設定面板中，要開啟這個面板，只需在 Discord 的對話方塊中輸入「/」，選擇「/settings」命令並按 Enter 鍵，如圖 4-1 所示。

圖 4-1

　　設定面板如圖 4-2 所示，隨著 Midjourney 的疊代更新，面板中的選項可能發生變化，因此所看到的設定面板可能和圖中並不完全相同，不過整體內容應該相近。

　　Midjourney 的設定項看起來較多，但不要擔心，接下來將逐一拆解各主要設定選項。

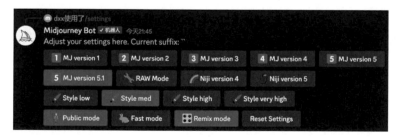

圖 4-2

4.2　模型版本

　　Midjourney 自釋出以來，每隔一段時間就會推出新的模型版本，現在最新的版本已經是 v 5.1 版。不過，在推出新版本後，Midjourney 並沒

有將老版本下線，使用者可以在繪圖時透過「--v」引數指定模型版本，也可以在設定介面手動指定預設使用的版本，如圖 4-3 所示。

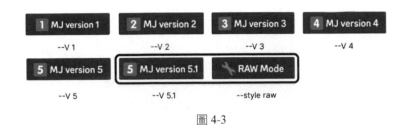

圖 4-3

以當前標準來看，模型版本 v 1、v 2 和 v 3 生成的圖片相對簡單，基本上無法滿足創作者實際應用的需求，不過 Midjourney 的發展速度很快，v 4 版本的畫面構圖和質感已經基本達到實用水準，如今最新的 v 5.1 版本畫面更加精緻，細節處理更為完善，很多時候已經能生成接近完美的視覺效果。此外，最新版本在理解提示詞方面的能力也更強，生成的圖片通常更貼近使用者描述的理想畫面。

由於 v 1、v 2 和 v 3 版本較為陳舊且現在已很少使用，本書不再對這些版本進行詳細介紹。

4.2.1 版本 v 4

v 4 是 2022 年 11 月至 2023 年 5 月期間 Midjourney 的預設模型版本。這一模型擁有全新的程式碼庫和獨特的 AI 架構，由 Midjourney 設計並在其最新的 AI 超級集群上進行訓練。相較於之前的版本，v 4 模型在理解生物、地點和物體方面有顯著的改進。

要使用此模型，請將「--v 4」引數新增到提示詞的末尾，或使用「/settings」命令並選擇「MJ version 4」，如圖 4-4 和圖 4-5 所示。

圖 4-4　提示詞：　　　　　　　　圖 4-5　提示詞：
vibrant California poppies --v 4　　high contrast surreal collage --v 4

4.2.2 版本 v 5

　　v 5 模型在攝影方向做了增強，它生成的影像與提示詞的匹配度也更高，但可能需要更長的提示詞或者更精確的描述，才能實現期望的效果。

　　要使用此模型，請將「--v 5」引數新增到提示詞的末尾，或使用「/settings」命令並選擇「MJ version 5」，如圖 4-6 和圖 4-7 所示。

圖 4-6　提示詞：　　　　　　　　圖 4-7　提示詞：
vibrant California poppies --v 5　　high contrast surreal collage --v 5

4.2.3 版本 v 5.1

v 5.1 是截至編寫本書時最新的模型版本,於 2023 年 5 月 4 日釋出。此模型具有更強的預設美感以及高連貫性,對自然語言提示的理解更準確,減少了不必要的聯想畫面和邊框,提高了影像清晰度,並支持 RAW Mode 等新功能。

要使用此模型,需要在提示詞末尾新增「--v 5.1」,或使用「/settings」命令並選擇「MJ version 5.1」,如圖 4-8 和圖 4-9 所示。

圖 4-8　提示詞: vibrant California poppies --v 5.1　　　圖 4-9　提示詞: high contrast surreal collage --v 5.1

4.2.4 版本 v 5.1 + RAW Mode

Midjourney 在 v 5.1 模型版本中新增了一個 RAW Mode (原始模式),可在設定中開啟 v 5.1 版本後啟用 RAW 模型,或在提示詞後新增字尾引數「--style raw」,它的作用是減少 Midjourney 預設的藝術風格。對比圖如圖 4-10 ~ 圖 4-13 所示。

圖 4-10　提示詞：
vibrant California poppies 預設 v5.1 風格

圖 4-11　提示詞：
vibrant California poppies 新增引數：--style raw

圖 4-12　提示詞：
high contrast surreal collage 預設 v5.1 風格

圖 4-13　提示詞：
high contrast surreal collage
新增引數：--style raw

簡單來說，RAW 模式能夠降低 AI 的發散思維程度，使 Midjourney 在創作過程中更少地自作主張，從而使生成的圖片內容更接近提示詞所表達的意義。這種模式通常會讓作品的風格更加原始和簡約。

4.2.5 Niji Model 5

Niji 模型由 Midjourney 和 Spellbrush 合作開發，經過特定的調整，擅長生成具有二次元動漫風格和美學特點的作品，它在動態／動作鏡頭以及以人物為中心的構圖方面表現出色。最新版本模型為 Niji 5。

要使用此模型，請將「--niji 5」引數新增到提示詞的末尾，或使用「/settings」命令並選擇「Niji version 5」。

該模型對「--stylize」引數比較敏感，可以調整這個引數的值來生成不同風格的影像。

4.2.6 Niji 樣式引數

Niji v 5 模型版本可以使用「--style」引數指定圖片樣式，以獲得更獨特的畫面。可以使用「--style cute」（更可愛的）、「--style scenic」（更有表現力的場景）或以「--style expressive」（插畫和動漫感更強烈）引數來實現不同的樣式效果，如圖 4-14 ～圖 4-17 所示。

圖 4-14　birds perching on a twig --niji 5

圖 4-15　birds perching on a twig
--niji 5 --style cute

圖 4-16　birds perching on a twig
--niji 5 --style scenic

圖 4-17　birds perching on a twig
--niji 5 --style expressive

4.2.7 Midjourney v 5.1 與 Niji v 5 的對比

　　下面的例子演示了預設的 Midjourney v 5.1 和 Niji v 5 的對比。可以看到，在使用相同提示詞的情況下，Niji 生成的圖片更像動漫，而 Midjourney 生成的則更像照片，如圖 4-18 ～圖 4-21 所示。

　　上文對各種模型版本以及 Niji 模型進行了介紹，這些主要的模型各具特點，通常並無絕對的優劣之分，可以根據實際繪畫需求選擇適合的模型。

圖 4-18　　vibrant California poppies --v 5.1　　　圖 4-19　　vibrant California poppies --niji 5

圖 4-20　birds sitting on a twig --v 5.1　　　圖 4-21　birds sitting on a twig --niji 5

4.3　其他設定和重置

在設定介面最下方，有幾項可能不那麼常用的設定，如圖 4-22 所示。

圖 4-22

4.3.1 Public mode（公開模式）

Public mode 模式表明生成的圖片是否會公開顯示，如果開啟了此項，那麼生成的圖片會在 Midjourney 官網社群中公開，所有訪問者都可以看見，也可以檢視並學習其他使用者公開的作品。

需要注意的是，此項開啟時，即使是 Midjourney 機器人私聊生成的圖片，也會在 Midjourney 官網社群公開顯示。

目前，免費使用者、基礎版使用者、標準版使用者只能選擇公開模

式,只有專業版使用者可以關閉此項,如果使用者希望自己生成的圖片不要被其他人看見,可以更新為專業版。

4.3.2 Fast mode（快速模式）

Fast mode 模式表明當前是否在使用快速 GPU 時間,如果開啟了此項,那麼生成圖片時將使用快速 GPU 時間,否則使用空閒 GPU 時間。

顧名思義,快速模式下,生成圖片會快一些,等待時間通常很少,Midjourney 的計算資源會優先保證快速模式下的圖片生成任務。空閒 GPU 時間也可以出圖,只是速度沒有保證,如果當前伺服器閒置資源較多,可能出圖速度也會很快,但如果閒置資源較少,可能要等待較長時間才能得到結果。

目前免費使用者、基礎版使用者不能使用空閒 GPU 時間,當帳戶中的計算配額用完就不能再生成圖了。標準版使用者和專業版使用者則可以使用空閒 GPU 時間,即使當月計算配額用完仍然能使用空閒 GPU 時間出圖。

標準版使用者和專業版使用者,在用完當月快速模式的時間後,會自動切換為空閒 GPU 時間。

4.3.3 Remix mode（混合模式）

未開啟混合模式時,輸入提示詞並生成圖片後,單擊圖片下的變化按鈕（V1、V2、V3、V4）時,對應的變化按鈕會變成藍色,同時直接生成四張新的微調後的圖片。

如果開啟了混合模式,單擊圖片下方的變化按鈕（V1、V2、V3、V4）時,對應的按鈕會變成綠色,同時會彈出一個對話方塊,可以編輯提示詞和引數,然後提交,生成四張新的圖片,新圖同時受老圖以及編輯後的提示詞影響,如圖 4-23 ～圖 4-25 所示。

圖 4-23　提示詞：line-art stack of pumpkins

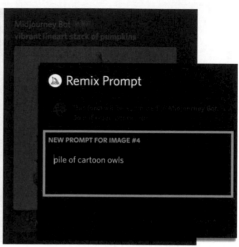

圖 4-24　輸入新的混合提示詞：
　　　　　pile of cartoon owls

圖 4-25　受原圖以及新提示詞影響
　　　　　生成的新圖

4.3.4 Reset Settings（重置設定）

Reset Settings 功能就是字面意思，單擊這個按鈕，可讓 Midjourney 恢復初始的預設設定。

4.4 常用引數

在生成圖片時，除了提示詞，還有很多可選引數。透過這些引數，可以指定影像的寬高比、指定模型版本、更改圖片風格等。

如圖 4-26 所示，引數一般新增到提示詞的末尾，多個引數之間使用空格分隔。一些系統可能會自動將兩個連續的連字元（--）替換為破折號（——），不用擔心，Midjourney 兩種符號都可識別。

圖 4-26

圖 4-27 所示是一個具體的新增引數的例子。前面已經介紹過指定模型版本的引數，如「--v 4」、「--v 5」，接下來將繼續介紹其他常用引數。

圖 4-27

4.4.1 Aspect Ratios（縱橫比）

縱橫比是如 1：2、2：3 這樣的表示式，前後兩個數字分別代表圖片的寬和高的比例。如果不指定，則預設為 1：1，即生成正方形的影像。

Midjourney 各模型版本所支持的橫縱比範圍有所不同，v 4 版本的橫縱比範圍為 1：2 ～ 2：1，而 Niji 5 模型及 Midjourney 5 及之後的版本取消了對橫縱比的限制，值可以是任意整數。橫縱比會影響生成影像的形狀和內容結構。在使用圖片放大功能（Upscale）時，部分橫縱比可能會稍有變動。

引數格式：aspect ＜寬：高＞（或簡寫為：ar ＜寬：高＞）
用法範例：vibrant california poppies --ar 5：4

圖 4-28

常見縱橫比（如圖 4-28 所示）。

🖊 1：1 預設縱橫比，方形。

🖊 5：4 常見的框架和列印比例。

🖊 3：2 常見於印刷攝影。

🖊 7：4 常見於高畫質電視螢幕或智慧手機螢幕。

4.4.2 Chaos（混亂度）

Chaos 引數決定生成圖片的變化程度。數值越高，生成圖片的風格和構圖差異就越大，可能產生意想不到的組合結果；數值越低，風格和

構圖上的差別就越小，生成的圖片之間具有更多相似性。

引數格式：--chaos〈值〉（或簡寫為 --c〈值〉）

數值範圍為 0 ～ 100（預設值為 0）。

用法範例：watermelon owl hybrid --c 50

下面來看幾個具體的例子。

1 · 低 chaos 值

提示詞（省略 --chaos 引數，預設為 0）：watermelon owl hybird（如圖 4-29 所示）

圖 4-29

2 · 高 chaos 值

提示詞：watermelon owl hybrid --c 50（如圖 4-30 所示）

圖 4-30

3・非常高的 chaos 值

提示詞：watermelon owl hybrid --c 100 （如圖 4-31 所示）

圖 4-31

可以看到，chaos 值越高，生成的圖片的變化越豐富。當尚未確定設計方案，需要尋找靈感時，可以指定較高的 chaos 值，以產生更多變化，若方案已基本確定，需要生成圖片了，則可將 chaos 值設定得較低或省略（使用預設值 0），以便讓生成圖片的風格相近。

4.4.3 No （排除）

有時候，使用者可能會希望生成的圖片中不要出現指定的元素，這時就可以用「--no」引數。

引數格式：--no ＜ 某物 ＞

「--o」引數的使用方法很簡單，直接在後面跟隨不想要的元素即可，例如想生成一張類似圖 4-32 所示的蛋糕，但不希望有生日蠟燭，就可以嘗試在提示詞末尾新增「--no candles」，效果如圖 4-33 所示。

圖 4-32　沒有 --no 引數　　　　圖 4-33　新增引數：--no candles

　　以上兩張生日蛋糕的圖片是由相同的提示詞生成的，提示詞都是「A birthday cake, clean background」，不同之處是一張圖沒有新增「--no」引數，另一張則新增了「--no candles」引數。

4.4.4 Quality（生成圖片品質）

　　在提示詞後加上「--quality」或「--q」引數，可以更改生成影像的品質，更高品質的影像相應的也會包含更多的細節，同時需要更長的時間來處理，即會使用更多的 GPU 時長。當然，品質設定不影響圖片的解析度。

　　引數格式：--quality ⟨0.25，0.5，1⟩（或簡寫為 --q ⟨0.25，0.5，1⟩）

　　各個值的含義如表 4-1 所示。

表 4-1

參數值	含義
0.25	出圖速度最快，畫面細節較少，速度提高4倍，GPU分鐘數為默認值的1/4
0.5	出圖畫面會有不太詳細的結果，速度提高2倍，GPU分鐘數為默認值的1/2
1	默認值，圖片細節最為豐富

這個引數適用於 Midjourney 模型和 Niji 模型，其中引數的預設值為
1，如果省略引數，或者傳入的引數大於 1，都將使用預設值。

接下來看一個具體的例子，圖 4-34 所示分別使用了 0.25、0.5 以及
1 為「--quality」引數的值。

可以看到，「--quality」的值越高，圖片的細節越豐富。

「--quality」引數僅影響初始生成的四張影像，單擊 U1 ～ U4 按鈕放
大或者單擊 V1 ～ V4 按鈕微調圖片時引數效果不會疊加。

需要說明的是，「--quality」數值並非越高越好。具體使用哪個值取決
於想要畫面的風格效果，例如在繪製抽象的圖形時，較低的「--quality」
值可能效果更佳。

--quality 0.25　　　--quality 0.5　　　--quality 1

圖 4-34

4.4.5 Seed（種子值）

生成圖片時可以注意到，在輸入提示詞後，生成的影像最初非常模
糊，隨後逐步變得清晰，這是因為 Midjourney 機器人利用種子值建立視

覺噪聲場（類似於電視無訊號時的雪花點畫面）作為生成初始影像網格的
起始點，然後再逐步生成影像。

　　Seed 是 Midjourney 影像生成的初始點，預設情況下每次繪畫的種子
值是隨機生成的，如果指定 Seed 引數的值，那麼在相同的種子值和提示
詞下會產生相似或者幾乎相同的畫面，利用這點就可以生成連貫一致的
人物形象或者場景。

　　引數格式：--seed< 數值 >
　　數值範圍：0 ～ 4294967295[02] 的整數

　　在模型版本 v 1、v 2、v 3 中使用相同「--seed」值將生成具有相似構
圖、顏色和細節的影像。在模型版本 v 4、v 5、v 5.1 和 Niji 中使用相同
「--seed」值將產生幾乎相同的影像。

　　來看一組例子。

　　使用同一提示詞「celadon owl pitcher」以及隨機種子執行 3 次，結果
如圖 4-35 所示。

圖 4-35

　　而當加上「--seed 123」引數執行兩次作業，結果是一樣的，如圖 4-36
和圖 4-37 所示。

[02]　即：0 ～ 2^{32}-1

圖 4-36　celadon owl pitcher --seed 123　　　　圖 4-37　celadon owl pitcher --seed 123
第一次生成　　　　　　　　　　　　　第二次生成

　　當生成了一組優秀的圖片，想要記錄下 Seed 值以便分享或將來再次
生成時，是否有辦法知道具體的 Seed 值呢？只需按照以下步驟操作，便
可獲取指定影像生成過程中的 Seed 值。

　　首先，生成連續的四張影像之後，單擊影像右上角的笑臉符號（如
圖 4-38 所示），在彈出的視窗內搜尋「envelope」，並單擊第一個信封圖示
（如圖 4-39 所示）。

圖 4-38

圖 4-39

接下來，Midjourney 機器人會向你發送一條私信。開啟私信，即可看到本次生成所使用的 Seed 值，如圖 4-40 所示。

圖 4-40

複製 Seed 值（一串數字）作為下次指令中的「--seed」引數，即可獲得相同的影像結果。

4.4.6 Stop（停止渲染）

Stop 引數可以讓影像在渲染過程中止在某一步，直接出圖。如果不做任何 stop 引數設定，得到的影像是完成整個渲染過程的，比較清晰的。渲染過程的生成步數為 100，以此類推，生成的步數越少，停止渲

染的時間就越早，生成的影像也就越模糊。

引數格式：--stop ＜數值＞

其中數值的範圍為 1 ～ 100，例如使用提示詞「splatter art painting of acorns --stop 90」，圖片將在 90% 進度時停止渲染。

圖 4-41 ～圖 4-50 所示是具體的效果範例。

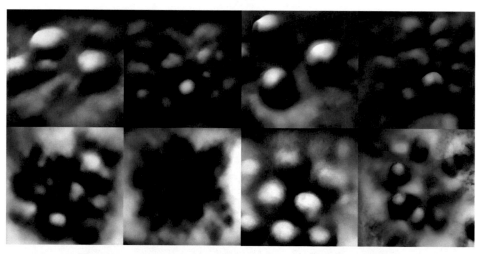

圖 4-41　--stop 10　　　　　　圖 4-42　--stop 20

圖 4-43　--stop 30　　　　　　圖 4-44　--stop 40

圖 4-45　--stop 50　　　　　　　　　　圖 4-46　--stop 60

圖 4-47　--stop 70　　　　　　　　　　圖 4-48　--stop 80

圖 4-49 --stop 90　　　　　　　　　　圖 4-50 --stop 100

　　可以看到，渲染過程中圖片從模糊逐漸清晰，可以使用「--stop」引數，讓渲染停止在指定的百分比。

　　使用 Stop 引數停止渲染的圖也可以進行放大（單擊 U1 ～ U4 按鈕），且 Stop 引數的效果不會影響放大過程。不過，中途停止會產生更柔和、更缺乏細節的初始影像，這將影響最終放大結果中的細節水準。圖 4-51 ～圖 4-54 所示是不同 Stop 引數的影像及其放大後的效果範例。

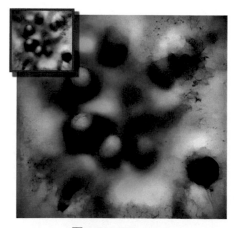

圖 4-51　--stop 20　　　　　　　　　　圖 4-52　--stop 80

圖 4-53　--stop 90　　　　　　　　　　　圖 4-54　--stop 100

4.4.7 Stylize（風格化）

Stylize 的值表示生成圖片的創造力、藝術色彩表現力、構圖以及風格，數值越大，賦予 AI 的發揮空間越廣泛。

引數格式：--stylize<數值>（或簡寫為 --s<數值>）

數值範圍：1 ～ 1000

預設數值：100

不同的 Midjourney 模型版本支持的風格化範圍不同，在 v 4、v 5、v 5.1 以及 Niji 5 中預設值為 100，數值範圍為 0 ～ 1000。

Stylize 有兩種使用方式，可以在提示詞末尾新增「--stylize」引數，也可以輸入「/settings」命令並從選單中選擇自己相應的風格化值，如圖 4-55 所示。

圖 4-55

下面來看一下範例。

1・V4 模型版本

　　圖 4-56 ～圖 4-59 所示的提示詞主體部分都是「illustrated figs」，只是「--stylize」引數的值不同。

圖 4-56　--stylize 50　　　　　　　圖 4-57　--stylize 100（預設值）

圖 4-58　--stylize 250　　　　　　　圖 4-59　--stylize 750

2・V 5 模型版本

圖 4-60 ～圖 4-65 所示的提示詞主體部分都是「colorful risograph of a fig」，只是「--stylize」引數的值不同。

圖 4-60　--stylize 0　　　　　　　圖 4-61　--stylize 50

圖 4-62　--stylize 100（預設值）　　圖 4-63　--stylize 250

圖 4-64　--stylize 750　　　　　　　　圖 4-65　--stylize 1000

4.4.8 Tile（平鋪）

　　在桌布、布料印花、包裝圖案、花磚圖案等設計場景中，經常需要設計可用於平鋪的圖案，這類圖案的邊緣部分需要特殊處理，以便在拼接時實現平滑過渡。雖然可以透過手繪或軟體處理來建立這類圖案，但在 Midjourney 中生成平鋪圖案非常簡便，只需在提示詞末尾直接新增「--tile」引數即可。

　　「--tile」引數可以在 v 1、v 2、v 3、v 5 和 v 5.1 版本中使用，但在 v 4 版本和 Niji 模式下無效。

　　圖 4-66 ～圖 4-69 所示演示了「--tile」引數的效果。

圖 4-66　提示詞：

Colored Animal Stripes --v 5.1 --tile

圖 4-67　提示詞：

torn cardboard roses --v 5.1 --tile

圖 4-68　提示詞：

scribble of moss on rocks --v 5.0 --tile

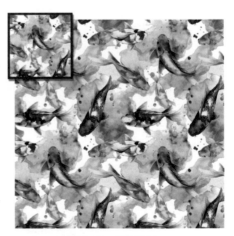

圖 4-69　提示詞：

watercolor koi --v 5 --tile

4.5 高級引數及命令

4.5.1 提示圖片（墊圖）

　　提示圖片也叫墊圖，可以在提示詞最前面傳入一張或多張圖片的連結地址，這些傳入的圖片即為提示圖片，它們將影響生成圖片的構圖、風格和顏色等特徵。具體用法如圖 4-70 所示。

圖 4-70

　　如果傳入了兩張以上的提示圖片，那麼可以省略提示文字以及引數，其效果相當於融合（Blend），見後續小節的介紹。

1・上傳本地圖片

　　如果提示圖片已經在網路上了，可以直接傳入圖片的連結（URL）。請確保這個連結能被 Midjourney 的伺服器訪問。如果圖片還在本地裝置中，可以在 Discord 對話方塊中上傳圖片以獲得連結地址。

　　要上傳本地圖片，只需單擊對話方塊位置旁邊的「+」圖示，單擊「上傳檔案」按鈕，選擇要上傳的圖片，然後按 Enter 鍵發送訊息即可，如圖 4-71 所示。

圖 4-71

　　訊息發送成功之後，可以在 Discord 對話方塊中看到剛上傳的圖片。要獲取圖片連結，請在圖片上右擊，在彈出的快捷選單中選擇「複製連結」選項，如圖 4-72 所示。另外，也可以直接輸入「/imagine」命令，並用滑鼠將已上傳的圖片檔案拖入提示框，這樣也能在提示框中新增圖片的連結。

圖 4-72

　　注意：即使是在與 Midjourney 機器人的私聊中上傳的圖片，只要知道連結地址，任何人都可以訪問，因此建議不要上傳隱私或敏感圖片。

2・範例

　　來看一個具體的例子，圖 4-73 所示包含五張不同的圖片，我們來嘗試將不同的圖片做一些組合。

圖 4-73

V 4 版本演示效果如圖 4-74 所示。

圖 4-74

V 5 版本演示效果，如圖 4-75 所示。

使用提示圖片時，需要注意寬高比，提示圖片與最終生成圖片的寬高比相同時效果最佳，否則可能會出現邊框。

圖 4-75

3・圖片權重引數

使用提示圖片時，可以用引數「--iw」來調整提示圖片的權重。未指定「--iw」引數時，預設值為 1。較高的 --iw 值意味著提示圖片將對生成的新圖片產生較大的影響。不同的 Midjourney 模型版本具有不同的圖片權重範圍。

引數格式：iw〈數值〉

數值範圍：0-2（v 5 和 Niji5 版，v 4 版不可用）[03]

提示詞範例：flowers. jpg　birthday　cake　--iw 0. 5

如圖 4-76 和圖 4-77 所示。

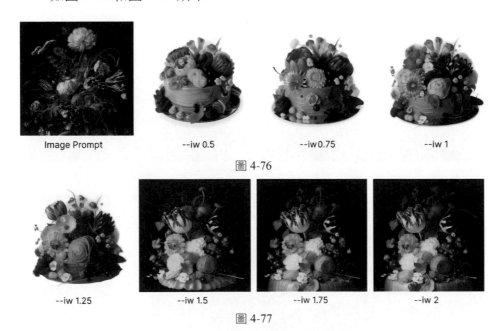

| Image Prompt | --iw 0.5 | --iw 0.75 | --iw 1 |

圖 4-76

| --iw 1.25 | --iw 1.5 | --iw 1.75 | --iw 2 |

圖 4-77

在第 6 章中，還有更多提示圖片（墊圖）的範例。

---

[03]　數值如果是小數，且整數部分是 0 的話，可以把 0 省略。比如「0.5」可以簡寫為「.5」。

4.5.2 融合（Blend）

融合命令（/blend）可將多張圖片融合為一張新圖，功能與「/imag-ine」命令中使用多張提示圖的效果相同，但無須新增提示文字或引數。它的介面經過優化，操作直觀簡便，無論在移動裝置還是桌面裝置上都能方便地使用。

「/blend」命令最多可處理 5 張影像，如果想融合更多圖片，請在「/imagine」命令中使用提示圖片。

看一個例子，將一張陶瓷花瓶的圖片和一張牡丹的圖片融合，如圖 4-78 ～圖 4-80 所示。

圖 4-78　　　　　　　　　　　　　　　　圖 4-79

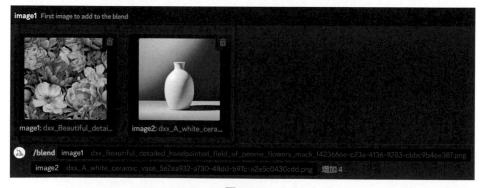

圖 4-80

按 Enter 鍵確認融合後，將生成四張新圖，如圖 4-81 所示。從生成的圖片中可以看到，其中三張圖片中牡丹花成為陶瓷花瓶的圖案，而另一張則將牡丹花作為圖片背景。

圖 4-81

4.5.3 多重提示詞（Multi Prompts）

Midjourney 的提示詞中可以使用：：（雙冒號）作為分隔符，將關鍵詞分隔為兩個或多個不同的概念。同時，還可以用分隔符調整提示詞各個部分的重要程度。在一些情況下，這個功能非常有用。

1・基本用法

多重提示詞適用於模型版本 v1、v2、v3、v4、v5、v5.1、niji 4 和 niji 5，其他引數仍然新增到提示詞的最後。

來看一個例子，如果生成影像時使用了提示詞「hot dog」，Midjourney 會將它看作一個整體，並生成美味的熱狗影像，如圖 4-82 所示。

圖 4-82　「hot dog」
被整體當作一個詞語

　　但如果使用雙冒號將提示詞抽成兩部分，例如「hot：：dog」，那麼
「hot」和「dog」兩個概念將被分開處理，生成很熱的狗的圖片，如圖 4-83
所示。

圖 4-83　「hot」和「dog」被識別為兩個獨立的詞語

　　再看一個「cup cake illustration」（紙杯蛋糕插畫）的例子，如圖
4-84 ～圖 4-86 所示。

圖 4-84　cup cake illustration
紙杯蛋糕插畫被當成整體的詞，
生成了紙杯蛋糕的插畫圖片

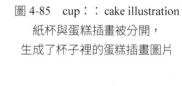

圖 4-85　cup：：cake illustration
紙杯與蛋糕插畫被分開，
生成了杯子裡的蛋糕插畫圖片

圖 4-86　cup：：cake：：illustration
杯子、蛋糕和插畫被分開，
用花朵、蝴蝶等常見的插畫元素，
生成了一個杯子裡的蛋糕

2・權重

　　使用雙冒號「：：」將提示詞抽成不同的部分時，還可以在雙冒號後新增一個數字，調整對應關鍵詞的權重。

　　例如剛才的範例中，用提示詞「hot：： dog」生成了一隻火熱的狗。如果把它改為「hot：：2 dog」，那麼 hot 這個詞的重要性將是 dog 的 2 倍，會生成非常熱的狗的圖，如圖 4-87 所示。

　　在 v 1、v 2、v 3 版模型中，權重值只接受整數引數，v 4 版模型開始可以接受小數形式的權重值。如果「：：」後沒有新增數字，則使用 1 作為預設值。

圖 4-87

　　提示詞中的權重是一個相對比較的概念，例如「hot：： dog」和「hot：： 100 dog：：100」是等價的，更多引數如表 4-2 所示。

表 4-2

參數	等價表示
hot:: dog	hot::1 dog、hot:: dog::1、hot::2 dog::2、hot::100 dog::100
cup::2 cake	cup::4 cake::2、cup::100 cake::50
cup:: cake:: illustration	cup::1 cake::1 illustration::1、cup::1 cake:: illustration::cup::2 cake::2 illustration::2

3‧負數權重

權重數值可以為負數，用於移除不需要的元素，但所有權重的總和必須是正數。

看一個例子，使用「vibrant tulip fields」提示詞生成了鬱金香花田的圖片，如圖 4-88 所示，然後，又使用「red：：-.5」引數移除了圖片中的紅色，如圖 4-89 所示。

提示詞：vibrant tulip fields

提示詞：vibrant tulip fields：： red：：-.5

圖 4-88   圖 4-89

負數權重也是相對比較的，即表達方式「tulips：： red：：-.5」與「tulips：：2 red：：-1」、「tulips：：200 red：：-100」都是等價的。

4‧排除引數（--no）

前面講到的排除引數（--no），相當於把多重提示詞中的權重部分設定為「-0.5」，所以「vibrant tulip fields：： red：：-.5」與「vibrant tulip fields --no red」是等價的。

4.5.4 排列提示詞

排列提示詞是一種快捷語法，可以使用這種語法在提示詞中新增多個關鍵詞或者引數。當執行「/imagine」命令時，這些關鍵詞或引數會依次排列，相當於在一個命令中輸入多組不同的提示詞，當然，也會生成多組對應的圖片。

排列提示詞僅適用於使用快速模式的 Pro 訂閱會員，一次最多可以建立 40 個繪圖任務。

1 · 基礎用法

排列提示詞的語法為在大括號內新增多個關鍵詞選項，使用英文逗號分隔，即「{ 選項 1，選項 2，選項 3……}」。

例如，提示詞「a {red, green, yellow} bird」，相當於以下三個提示詞：

a red bird

a green bird

a yellow bird

提交含排列提示詞的命令後，Midjourney 機器人會將排列提示詞選項展開，分別與提示詞其餘部分組合，生成具體的提示詞並執行。注意，每一種組合都會作為一個單獨的任務處理，並分別消耗 GPU 時長。

如果排列提示詞將建立超過 3 個生成任務，開始之前會有一條確認訊息，如圖 4-90 所示。

圖 4-90

2．範例

下面是一個使用提示詞文字變數的例子。

提示詞：a naturalist illustration of a {pineapple, blueberry, rambu-tan, banana} bird

這個提示詞將建立四組圖片，如圖 4-91 所示。

圖 4-91

圖 4-91（續）

3・引數變數

除了文字變數之外，引數也可以作為變數，來看一個例子。

提示詞：a naturalist illustration of a fruit salad bird --ar {3：2，1：1，2：3，1：2}

這個提示詞將建立四組具有不同寬高比的圖片，如圖 4-92 所示。

圖 4-92

4・模型版本變數

下面是一個將模型版本當作變數的例子。

提示詞：a naturalist illustration of a fruit salad bird --{v 5, niji, test}

這個提示詞將使用不同的模型版本建立三組圖片，如圖 4-93 所示。

圖 4-93

5・組合巢狀

也可以組合甚至巢狀多組排列提示詞。

例如提示詞：a {red, green} bird in the {jungle, desert}，這條提示詞將會建立並處理 4 個繪圖任務，分別為：

a red bird in the jungle

a red bird in the desert

a green bird in the jungle

a green bird in the desert

又 例 如：A {sculpture, painting} of a {seagull {on a pier, on a beach}, poodle {on a sofa, in a truck}}，這條包含巢狀內容的提示詞將會建立 8 個繪圖任務，分別為：

A sculpture of a seagull on a pier

A sculpture of a seagull on a beach

A sculpture of a poodle on a sofa

A sculpture of a poodle in a truck

A painting of a seagull on a pier

A painting of a seagull on a beach

A painting of a poodle on a sofa

A painting of a poodle in a truck

6．轉義字元

如果想在大括號內包含一個逗號，但不想讓它被當作分隔符，那麼可以在它前面放置一個反斜槓「\」進行轉義。

下面是具體的例子。

提示詞 1：{red, pastel, yellow} bird

這條提示詞將建立 3 個生成任務，分別為：

a red bird

a pastel bird

a yellow bird

提示詞 2：{red, pastel \，yellow} bird

這條提示詞將建立 2 個生成任務，分別為：

a red bird

a pastel, yellow bird

4.5.5 重複（--repeat）

使用重複命令「--repeat」可以讓一條命令多次生成，這個引數只能在快速 GPU 模式下使用。

這個命令的格式：--repeat ＜重複次數＞（也可以簡寫為：--r ＜重複次數＞）

目前重複次數的數值範圍和訂閱的版本有關，標準版使用者重複次

數的範圍為 2 ～ 10 的整數，專業版使用者則支持 2 ～ 40 的整數。

範例：A white ceramic vase --r 5

另外，在執行之前，這個命令也會先彈出提示，要使用者手動確認後才會真正執行，防止因誤操作而消耗 GPU 時間，如圖 4-94 所示。

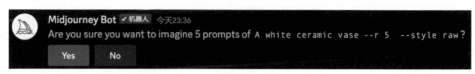

圖 4-94

4.6 本章小結

本章介紹了 Midjourney 的基本設定功能、常用模型以及常用引數。透過使用「/settings」命令，可以開啟 Midjourney 的設定介面，並調整各項常用設定。在生成圖片時，還可以在提示詞後新增引數，以便定製本次繪畫的行為。

Midjourney 的模型版本疊代非常迅速，目前已經推出了 v 5.1 版，除了預設模型，還有擅長繪製動漫風格的 Niji 模型，使用者可以根據需求選擇合適的模型。

Midjourney 的預設設定就能滿足大部分繪圖需求，不過隨著使用的深入，可能也會有一些需求需要透過調整引數來實現，例如指定生成影像的縱橫比、風格等。善用引數將幫助創作者更好地繪製出理想的影像。

第 5 章
Midjourney 創作範例

在前面的章節裡，已經介紹了 Midjourney 的基本功能，接下來，將以範例的形式，深入探索 Midjourney 這一優秀的 AI 繪畫平台。

根據風格和用途，本章將例子分為插畫、平面設計、遊戲、攝影等不同的類別，並將各種技巧和關鍵詞穿插其中，透過範例演示，介紹 Midjourney 的各種用法以及特性。

接下來，讓我們一起進入 Midjourney 的實戰，體驗 AI 繪畫的無限魅力。

5.1 插畫

插畫是當今商業和日常生活中應用最廣泛的繪畫形式之一，它以生動、有趣的手法為各類媒體注入視覺元素，如書籍、雜誌、廣告、動畫和產品包裝等。插畫作品風格多樣，從簡約的線條畫到精細的全彩作品，既可具象也可抽象，無論用於傳遞訊息、敘述故事，還是給觀眾帶來美的體驗，插畫都能展現出極高的表現力和創意。

Midjourney 在繪製插畫方面表現卓越，很多時候，僅需一段簡潔的描述就能創作出極具吸引力的作品。雖然與優秀的人類插畫師相比，Midjourney 尚有差距，但在很多場景下，它生成的作品已可直接使用或僅需少量修改就可使用。

插畫的風格有許多細分領域，下面介紹一些常見的插畫風格範例。

5.1.1 扁平風格插畫

　　扁平風格插畫是一種簡約、清晰且易於理解的插畫風格，以簡潔的線條、鮮明的色彩、有限的陰影、漸變和強調排版為特點，廣泛應用於平面設計、廣告、出版、移動應用和網站設計等領域，強調易讀性和易用性。

　　接下來將從這種風格開始，探討 Midjourney 在繪畫方面的能力。

1 · 城市天際線

　　以上海的城市天際線為主題，創作一幅扁平風格插畫。

　　之前在章節中已經介紹過，可以使用「/imagine」命令在 Midjourney 中繪製圖片，其中提示詞（prompt）大致可以簡化為這樣的公式：

提示詞＝主體元素＋形容詞＋風格詞＋引數

　　繪製圖片之前，需要先構思畫面的要素，例如主體元素是什麼？採用什麼樣的色調？以及使用什麼樣的畫風等。例如對扁平風格的插畫來說，風格的關鍵詞主要是 flat style 或 flat illustration。

　　本次繪畫中，要素如下。

- 主體元素：Shanghai urban architecture（翻譯：上海城市建築）。
- 形　容　詞：simple and simple modeling, bright colors, gradient colors, light colors, bright tones（翻譯：造型簡潔，色彩鮮豔，漸變色，淺色，色調明亮）。
- 風格詞：flat style（翻譯：平面風格）。
- 引數：--ar 3：2（翻譯：寬高比例 3：2）。
- 版本模型：--v 5。

　　完整的提示詞：

Shanghai urban architecture, simple and simple modeling, bright colors, gradient colors, light colors, bright tones, flat style --ar 3：2

01　在 Midjourney 的「/imagine」命令中輸入以上提示詞（prompt），按 Enter 鍵，便會得到如圖 5-1 所示的四張圖片。

圖 5-1

注意：Midjourney 每次生成圖片時都會有一些隨機變化，得到的圖片和圖 5-1 所示的圖片應該不一樣，但整體風格應該接近。

上面的四張圖，按從上到下，從左到右的順序分別編號為 1、2、3、4，其中第 1、3、4 張圖片符合繪製期望。

02　如果認為第 1 張圖最好，可以單擊 Discord 訊息後面的「U1」按鈕，將這張圖片放大。放大後的效果如圖 5-2 所示。

圖 5-2

03　也可以單擊「V1」按鈕，基於這張圖片再生成四張新圖，新圖將與原圖相似，但會有一些細節變化，如圖 5-3 所示。

圖 5-3

04　單擊回按鈕，可以用相同的關鍵詞生成一組新的圖片，如圖 5-4 所示。

圖 5-4

05　重複上面的步驟,可以不斷生成新圖或對現有圖片進行微調,直到得到滿意的圖片。如果始終未達到理想效果,也可以嘗試修改提示詞重新生成圖片。

06　最後,當得到滿意的效果時,單擊 U1 ～ U4 按鈕放大指定的圖片,一幅作品就完成了。

2·科技風格

再看幾個融合了科技風格的扁平風格插畫案例。

科技風格插畫通常是具有高度現代化和專業感的插圖,用於代表科技品牌或科技相關的產品和服務。這些插圖通常具有簡單、流暢和基於向量的美學,用途各有不同,例如網站、應用程式、行銷材料、展示檔案等。

下面是一個具體的例子,注意提示詞中加粗的文字,這些內容指定了生成影像的風格。

提示詞:flat illustration, a man at desk surrounded by succulents, simple minimal, by slack and dropbox, style of behance --v 5.1

生成的圖片如圖 5-5 和圖 5-6 所示。

圖 5-5　　　　　　　　　　　　　圖 5-6

　　另一個例子，提示詞：user being inspired by the possibilities of an app, **flat illustration for a tech company**, by slack and dropbox, style of behance --v 5.1

　　生成的圖片如圖 5-7 和圖 5-8 所示。

圖 5-7　　　　　　　　　　　　　圖 5-8

3．網頁設計

Midjourney 甚至還可以設計網頁，包括網頁的外觀、布局、顏色搭配、影像、文字和互動元素等內容的設計。下面是一個具體的例子。

提示詞：web design for holiday travel discount information, minimal vector flat --ar 2：3 --v 5. 1

生成的圖片如圖 5-9 和圖 5-10 所示。

圖 5-9 圖 5-10

不過，Midjourney 目前還不能直接生成真正的網頁，以上的設計結果只是圖片，如要在實際中使用，還需要設計師重繪或提取其中的設計元素，方便工程師生成對應的網頁。目前在網頁設計上，Midjourney 主要用於靈感探索、概念設計等場景。

5.1.2 水彩風格插畫

水彩風格的特點是色彩柔和、流暢、透明，呈現出一種輕盈、自然、充滿藝術氣息的效果，可以用於繪畫、插圖、設計和動畫等領域。現在，使用特殊的筆刷和紋理模擬水彩效果已經成為數位藝術的一種常見方法。

水彩風格的關鍵詞：watercolor。

下面是一個例子。

提示詞：Watercolor roses with long handle, bright colors, clipart, white background, isolated elements --ar 2：3--v 5.1

生成的圖片如圖 5-11 和圖 5-12 所示。

圖 5-11　　　　　　　　　　　圖 5-12

另一個例子。

提示詞：Watercolor landscape, house, mountain, lake, trees, flowers, morning lights --ar 2：3 --v 5.1

生成的圖片如圖 5-13 和圖 5-14 所示。

圖 5-13   圖 5-14

日本知名動畫製作公司吉卜力工作室（Studio Ghibli）的作品有很大一部分使用了水彩風格，且具有非常鮮明的特色，這種風格被稱為吉卜力風格，亦稱宮崎駿風格。這種風格以鮮豔的色彩、精緻的細節、溫馨的畫面以及夢幻般的氛圍為特點，通常運用漸變色與柔和的筆觸，營造出柔美且富有魔力的氛圍。

在 Midjourney 中可以使用關鍵詞 Studio Ghibli 在繪畫中使用這種風格。

提示詞：Light watercolor, outside of a jazzy coffeeshop, bright, white background, few details, dreamy, Studio Ghibli --v 5

生成的圖片如圖 5-15 和圖 5-16 所示。

圖 5-15　　　　　　　　　　　　　　圖 5-16

5.1.3 國潮風格插畫

　　國潮風格是一種融合了中國傳統文化元素與現代潮流審美的設計風格。它在設計和藝術領域中的表現對中國傳統文化的重新演繹和創新有一定影響，將傳統與現代相結合，展現出獨特的國潮魅力。

1·國潮風海報

　　來看一個國潮風海報的例子。

　　關鍵詞：Chinese China-Chic style。

　　提示詞：Make posters of James Jean, white deer, auspicious clouds, birds, distant mountains, Chinese China-Chic style, colorful, light color, gradient color --ar 2：3 --v 5.1

　　生成的圖片如圖 5-17 和圖 5-18 所示。

圖 5-17   圖 5-18

2．國潮風生肖頭像

下面是一個國潮風生肖頭像的例子。

提示詞：Chinese China-Chic illustration, vector painting, China-Chic Chinese tiger（替換 rabbit）head, in the middle, looking at the audience, symmetrical, very detailed, reasonable design, advanced color matching, gradient color, cute, Chinese color, oriental elements, clear lines, fluffy, details, high-definition, white background --style raw

圖 5-19

生成的圖片如圖 5-19 和圖 5-20 所示。

圖 5-20

3・國潮風建築

　　James Jean 是一位在美國長大的美籍台灣藝術家，他以細節精緻、幻想形象以及傳統與現代技術相融合的作品風格聞名，創作靈感來源於神話、文學和個人經歷。在 Midjourney 中，可以模仿他的風格，繪製出具有國潮風格的建築。

　　提示詞：Make a poster by James Jean, summer, Chinese Architecture, clouds, pond, Pastel colors, 4k --style raw

　　生成的圖片如圖 5-21 和圖 5-22 所示。

圖 5-21　　　　　　　　　　　　　　　　圖 5-22

　　注意上面提示詞中的「by James Jean」，在 Midjourney 中，可以使用類似「by 藝術家名字」或「藝術家名字 style」這樣的關鍵詞來指定本次繪畫要模仿的藝術家風格。

　　所謂藝術家風格，是指藝術家在創作中所表現出來的獨特特徵，如對特定主題、材料、技巧或形式的偏好，或是對色彩、構圖、質感、線條等方面的獨特處理方式。藝術家的風格是經過長期實踐和磨練逐漸形成的，

通常是獨特的、具有辨識度的。例如，梵谷的風格以強烈的筆觸和鮮豔的色彩為特徵，畢卡索的風格則以立體主義和超現實主義為代表。

　　得益於 Midjourney 龐大的數據庫，一般來說不論古今中外，只要是較為知名的藝術家的風格它都可以模仿。後續例子中，還會多次使用這個技巧來定製繪畫風格。

5.1.4 中國山水畫

　　中國山水畫以「景」為主，同時又包含了「意」的表現。Midjourney 能捕捉到國畫風格的精髓，包括整體空間感的寬廣、遠近虛實的表現、山巒的蒼勁以及雲霧的朦朧等。

　　下面來看一個例子。

　　提示詞：Chinese ink painting, A stunning landscape painting of a vast mountain range in a misty morning, in the style of watercolor by Zhang Daqian, The dominant color is a mix of blue and green, with soft and delicate brushstrokes that capture the tranquility of the scene, the misty atmosphere adds depth to the painting, and the use of negative space creates a sense of vastness, The lighting is natural, with soft sunlight piercing through the mist --ar 2：1 --v 5

　　生成的圖片如圖 5-23 和圖 5-24 所示。

圖 5-23

圖 5-24

　　上面例子的中國山水畫提示詞中，「Chinese ink painting」表示水墨畫的風格，同時，還使用了關鍵詞「by Zhang Daqian」為圖片指定了名家張大千的藝術家風格。

　　再來看一個例子。

　　春天的杭州西湖，一株桃花一株柳，煙雨朦朧的江南春景最是動人。根據這樣的風景描述，生成一幅水墨淡彩的畫面，使用畫家吳冠中的風格。

　　提 示 詞：Spring in West Lake, Hangzhou, with peach blossoms and willow trees in vibrant colors, amidst the misty rain of the southern Yangtze region, in the style of traditional Chinese ink painting, by Wu Guanzhong --ar 2：3 --v 5

生成的圖片如圖 5-25 和圖 5-26 所示。

圖 5-25　　　　　　　　　　　　圖 5-26

　　春天的家鄉，山坡的油菜花、村頭的桃花、田邊的杏花、映著白牆黑瓦的村落，都是最讓人想念的風景。接下來繼續以吳冠中的風格來繪製這樣的畫面。

　　提 示 詞：The rural scenery of Anhui China, there are Huizhou buildings with white walls and white tiles in the distance, there are large yellow rapeseed flowers and blooming peach trees in front of the remote mountains, they are colorful and bright, **Wu Guanzhong style** --v 5

　　生成的圖片如圖 5-27 和圖 5-28 所示。

圖 5-27

圖 5-28

5.1.5 油畫

　　莫內的油畫作品充滿了色彩和光線的變化，透過大膽的筆觸和顏色的疊加，表現出自然界的美麗變化。他注重對自然環境的觀察和記錄，並力求將其真實地呈現在畫布上，這也是他作為印象派代表藝術家的重要特點之一。

　　下面以莫內的風格繪製一幅風景畫。

　　提示詞：Spring garden, bright sun, the style of Monet --v 5.1

　　生成的圖片如圖 5-29 和圖 5-30 所示。

圖 5-29 圖 5-30

　　Childe Hassam（查爾德‧哈桑）是一位著名的美國印象派畫家，作品以鮮豔的色彩搭配和對光線的精湛運用而聞名。

　　下面模仿他的風格生成兩幅畫作。

　　提示詞：Childe Hassam Abstract painting of mint greensoft, sunny and gentle --v 5. 1

　　生成的圖片如圖 5-31 和圖 5-32 所示。

圖 5-31 圖 5-32

5.1.6 兒童插畫

　　兒童插畫通常具有色彩明快、線條簡練、表情活潑、姿態生動、幽默元素豐富、氛圍溫馨、富有描述性和教育性等特點，常用於創作滿足孩子們的認知和興趣的作品。

　　下面是一個例子，注意加粗的關鍵詞。

　　提示詞：A boy is singing in the garden, little bird, puppy, warm colors, bright and cheerful, **children's illustration style**, el estilo graphic illustration art --style raw

　　生成的圖片如圖 5-33 和圖 5-34 所示。

圖 5-33

圖 5-34

5.1.7 黑白線條圖案設計

　　黑白線稿是指有黑白兩種顏色的圖案或插圖，具有簡單、精練、易於傳達訊息等優點，通常用於印刷、插畫、漫畫、動畫等領域。

　　下面是一個例子，注意其中加粗的關鍵詞。

　　提示詞：clean coloring book page, **minimalism**, tiger, forest, line art design, lines, black and white, white background--style raw

生成的圖片如圖 5-35 和圖 5-36 所示。

圖 5-35   圖 5-36

5.2 平面設計

5.2.1 Logo 設計

建立一個成功的 Logo，通常需要考慮以下幾點：明確品牌核心理念，以準確傳遞品牌訊息；了解目標閱聽人，以滿足其需求和興趣；使用恰當的設計元素、顏色和字型，以增強視覺效果；確保良好的可縮放性，以適應不同大小和場景；保持與品牌形象和價值觀的一致性。一個出色的 Logo 能夠助力品牌在競爭激烈的市場中脫穎而出。

與 Logo 設計相關的常見關鍵詞包括 modern（現代）、minimalist（極簡主義）、vintage（復古）、cartoon（卡通）以及 geometric（幾何）等。不過，在熟練運用這些關鍵詞之外，對設計的深入理解和豐富的想像力更為關鍵。

以下將分享四種常見的 Logo 型別案例：圖形 Logo、字母 Logo、幾何 Logo 以及吉祥物 Logo。

1・圖形 Logo（Graphic Logo）

圖形 Logo 通常具有扁平化、向量化以及簡潔明瞭的設計風格。

舉一個例子，下面以鳥為主要元素，設計一個圖形 Logo，注意提示詞中加粗的部分。

提示詞：**flat vector graphic logo** of bird, simple minimal, white background --v 5.1

生成的圖片如圖 5-37 ～圖 5-40 所示。

| 圖 5-37 | 圖 5-38 | 圖 5-39 | 圖 5-40 |

2・字母 Logo（Lettermark Logo）

字母 Logo 通常基於單個字母或字母組合，並對其進行相應的創意變化。不過，目前 Midjourney 在文書處理方面仍存在許多 bug，導致其經常無法完整且準確地生成影像。

下面以字母「S」、「H」為例分別做兩款字母 Logo。

提示詞：Letter S logo, lettermark, vector, simple minimal

生成的圖片如圖 5-41 和圖 5-42 所示。

提示詞：Letter H logo, vector, simple minimal

生成的圖片如圖 5-43 和圖 5-44 所示。

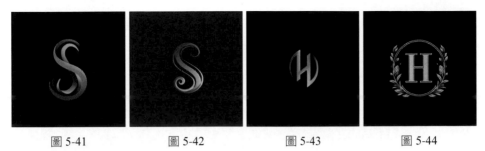

圖 5-41　　　　　圖 5-42　　　　　圖 5-43　　　　　圖 5-44

3・幾何 Logo（Geometric Logo）

幾何 Logo 通常採用抽象或簡化的幾何形狀來塑造品牌形象，設計良好的幾何 Logo 能傳達出豐富的訊息，並讓人印象深刻。

下面是兩個具體的例子。

提示詞：Flat geometric vector graphic logo of dot shape, radial repeating, simple minimal --v 5.1

生成的圖片如圖 5-45 和圖 5-46 所示。

提示詞：Flat geometric vector graphic logo of diamond shape, white background, simple minimal --v 5.1

生成的圖片如圖 5-47 和圖 5-48 所示。

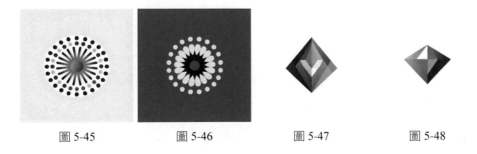

圖 5-45　　　　　圖 5-46　　　　　圖 5-47　　　　　圖 5-48

4・吉祥物 Logo（Mascot Logo）

吉祥物 Logo 通常採用具有吉祥、可愛、幽默或其他特定特徵的動物、人物或物品作為標誌形象，這種型別的 Logo 具有趣味性和親和力，有助於品牌或組織建立更為深入人心的形象。

一些知名的吉祥物 Logo 包括迪士尼公司的標誌性形象米老鼠和唐老鴨。此外，世界盃足球賽的吉祥物也頗具知名度，例如 2018 年俄羅斯世界盃的狼 Zabivaka。

下面來看兩個例子。

提示詞：a mascot vector logo of a fox, simple --v 5.1

生成的圖片如圖 5-49 和圖 5-50 所示。

提示詞：simple mascot logo for a dumpling restaurant --v 5.1

生成的圖片如圖 5-51 和圖 5-52 所示。

圖 5-49　　　　　圖 5-50　　　　　圖 5-51　　　　　圖 5-52

5.2.2 應用程式圖示

手機和電腦應用程式通常都需要一個專用的應用圖示，這類圖示的特點一般包括簡潔、向量化以及易於辨認。

使用 Midjourney，可以很方便地生成獨特的應用程式圖示。下面是兩個例子。

提示詞：squared with round edges mobile app logo design, flat vector app icon of music, Mininalistic, white background --v 5. 1

生成的圖片如圖 5-53 所示。

提示詞：squared with round edges mobile app logo design, flat vector app icon of a box, mininalistic, white background --v 5. 1

生成的圖片如圖 5-54 所示。

圖 5-53

圖 5-54

5.3　遊戲

5.3.1 小圖示

各直播和遊戲等場景中，小圖示是一種非常常見的設計元素，例如用於表示虛擬禮物的禮物小圖示，再結合一些簡單的動畫效果，就能實現愉悅的互動體驗。

以禮物小圖示為例，它通常具有以下特徵：顏色柔和、3D 卡通造型、光滑質感以及聚光燈效果。

下面用 Midjourney 生成一個王冠形式的禮物小圖示。

提示詞：crown, 3d icon, cartoon, clay material, isometric, 3D rendering, smooth and shiny, cute, girly style, pastel colors, spotlight, clean background, best detail, HD, high resolution --ar 1：1 --niji 5

生成的圖片如圖 5-55 和圖 5-56 所示。

圖 5-55　　　　　　　　　　　　　　　圖 5-56

　　在這個提示詞中，只需改變主體物的提示詞（第一個單字），其他提示詞不變，即可生出相同風格的其他小圖示，多個這樣的小圖示甚至可以組成一個系列。

　　例如，分別輸入 crown、sports car、heart、gift box with wings 關鍵詞，便可以得到圖 5-57 所示的圖示。可以根據需要，替換其他想要的主體物關鍵詞。

圖 5-57

　　再回頭看上面禮物小圖示的提示詞，其中出現了一些新的關鍵詞，如「isometric」，這個關鍵詞作用很大，很多繪圖需求中都會用到。

　　具體來說，isometric 表示等距檢視，是一種將三維物體以等角投影的方式呈現在二維平面上的方法。這種方法可以在平面上呈現出三維物體的立體感和空間關係，同時保持物體的長寬高比例不變，避免了透視

變形的問題，在製作富有立體感的圖形和遊戲時經常會用到。

另外，禮物小圖示的提示詞中還出現了「best detail」「HD」「high resolution」等新的關鍵詞，這些關鍵詞的主要作用是確保輸出影像具有較高的畫質。類似的關鍵詞還有「4k」「8k」等，可以分別新增以檢視效果。

接下來，再生成一些遊戲中常用的道具圖示。

提示詞：Isometric, a shiny treasure chest, gold coins, clay, render, game icon, game asset, blender, oily, shiny, beveled, smooth render, hearthstone style --v 5.1

生成的圖片如圖 5-58 和圖 5-59 所示。

注意，這個例子中提示詞 isometric 寫在了主體物前面，這樣不會影響畫面效果。

圖 5-58　　　　　　　　　　　　圖 5-59

另一個例子。

提示詞：Isometric, Different types of magic potions, light background, clay, oily, shiny, game icons, blender, Hearthstone style --v5.1

生成的圖片如圖 5-60 和圖 5-61 所示。

圖 5-60

圖 5-61

5.3.2 遊戲人物形象設計

遊戲角色設計在遊戲開發中占據舉足輕重
的地位，設計過程需充分考慮遊戲世界的氛圍
和背景，還要顧及玩家的喜好和需求。優秀的
遊戲角色應具備獨特的外觀、性格和能力，以
適應遊戲玩法和遊戲機制。

下面是兩個人物形象設計的例子，注意提
示詞中加粗的部分。

圖 5-62

圖 5-62 提示詞：Hua Mulan, isometric,
full body, game character, Clash Royale,
blender 3d, style of artstation and behance,
Vector art --v 5. 1

圖 5-63 提 示 詞：Hua Mulan, sword in
hand, game character draft + three views,
front, side, back, isometric, full body, game
character, Clash Royale, blender 3d, style of
artstation and behance, Vector art --v 5. 1

圖 5-63

1·角色概念特寫

角色概念設計是遊戲設計中對角色的外觀、性格和特點進行深入挖掘與呈現的過程，以打造獨特且引人入勝的遊戲角色。使用 Midjourney，可以快速為角色生成概念特寫設計稿，方便後續開發或者參考。

下面是一個角色概念特寫的例子。

提 示 詞：mecha pilot female, short hair, close up character design, multiple concept designs, concept design sheet, white background, style of Yoji Shinkawa --v 5.1

生成的圖片如圖 5-64 和圖 5-65 所示。

圖 5-64   圖 5-65

2 · 漫畫人物三視圖的設計

　　漫畫人物三視圖是一種展示角色正面、側面和背面視角的繪畫方法，有助於全面了解角色的造型和細節。

　　下面是一個具體的例子。

　　提示詞：Character design, draft character, game character draft + three views, Front, side, back angles of a cool boy wearing, Japanese boy school uniform, smiling, drawing, Illustration style, in the style of Kyoto Animation--ar 3：2 --style original

　　生成的圖片如圖 5-66 和圖 5-67 所示。

圖 5-66

圖 5-67

3・扁平風格的角色設計

　　一些遊戲採用了扁平化的藝術風格，使用 Midjourney，可以很方便地生成這種風格的角色設計。

　　下面是一個例子。

　　提示詞：by Alan Fletcher, warrior character, full body, flat color illustration --ar 2：3 --v 5

　　生成的圖片如圖 5-68 和圖 5-69 所示。

圖 5-68　　　　　　　　　　　　　圖 5-69

5.3.3 遊戲中的科幻場景

　　除了圖示、人物設計，Midjourney 還可以用來設計場景，下面是一個科幻場景的例子。

　　提示詞：Isometric, sci- filab --v 5.1

　　生成的圖片如圖 5-70 和圖 5-71 所示。

圖 5-70　　　　　　　　　　　　　　　圖 5-71

5.3.4 像素藝術的應用

在電腦發展的早期階段，由於計算效能和顯示器解析度的限制，以像素點作為基本繪圖單位的像素風格影像非常流行。儘管現如今電腦技術的發展已經可以繪製比像素風格更加複雜細緻的影像，但受其獨特的美學魅力吸引，眾多愛好者仍將其視為一種專門的藝術形式，這種風格在電子遊戲、動畫和網站設計等領域仍有著廣泛的應用。

傳統的像素圖按包含的顏色深度，可以分為 8 位、16 位和 32 位等幾類，分別可以表示 256 種、65,536 種和 4.3 億種顏色。其中，8 點陣影像通常用於簡單的圖示、插圖和遊戲等；16 點陣影像用於影像處理、圖形設計、影片和遊戲等；32 點陣影像則用於高精度的影像處理和設計。

下面的例子是使用 16 位像素圖的風格繪製的一個塞爾達傳說風格的小村莊。

提示詞：16-bit pixel art, a beautiful and mysterious small village, viewed from a 45-degree angle, bright and vivid colors, Zelda style --v 5

生成的圖片如圖 5-72 和圖 5-73 所示。

圖 5-72　　　　　　　　　　　　　圖 5-73

下面的例子是使用 8 位像素圖的風格繪製的一些怪物小圖示。

提示詞：8-bit pixel art，types of the monsters --v5.1

生成的圖片如圖 5-74 和圖 5-75 所示。

圖 5-74　　　　　　　　　　　　　圖 5-75

　　下面的例子則分別使用 8 位和 32 位像素圖的風格，繪製梵谷的自畫像以及向日葵。

　　圖 5-76 提示詞：8-bit pixil art, self-portrait of Van Gogh --v 5

　　圖 5-77 提示詞：32-bit pixil art, Van Gogh's Sun flowers --v 5

　　總體而言，8 位、16 位和 32 位像素影像的差異展現在它們所能表示的顏色數量和精度上，這也決定了它們的藝術風格以及適用場景各有不同。

圖 5-76

圖 5-77

5.4　攝影

　　除了生成繪畫作品，Midjourney 同樣能夠生成攝影風格的圖片，許多生成的圖片堪稱完美，與專業攝影師的作品相比也毫不遜色。

　　Midjourney 在攝影領域，諸如商業攝影、人像攝影、風景攝影、新聞攝影和藝術攝影等領域都有著廣泛的應用。只需在 Midjourney 的提示詞中加入專業的攝影術語，就可以生成相應風格的圖片。

　　這些術語包括但不限於各種型別的相機、電影膠捲、鏡頭、曝光度、景深與焦點、攝影道具、拍攝角度、影像構圖、拍攝類別、光線色

彩、氛圍感等。透過這些提示詞，Midjourney 能夠根據需求生成各種主題和型別的攝影風格圖片。

5.4.1 肖像

下面是生成一個人物肖像的例子，注意提示詞中加粗的部分。

提 示 詞：Beautiful young Chinese woman, laughing, tulle veil, white wedding dress, wind blown hair, wild fields,backlight, camera flash, contre jour, prime time, dim darkness, head close-up, POV, selfie, low angle, ultra realistic, diagonal photo --style raw

生成的圖片如圖 5-78 和圖 5-79 所示。

圖 5-78   圖 5-79

也可以生成動物肖像，例如下面是一幅馬的肖像畫，注意提示詞中加粗的部分。

提示詞：Spellbinding closeup portrait of horse, minimalist, eternal melancholy, in the style of avantgarde fashion photography, dramatic fire fly light, black on black, asymmetric composition, conceptual fantasy, intricate details --style raw

生成的圖片如圖 5-80 和圖 5-81 所示。

圖 5-80　　　　　　　　　　　　圖 5-81

5.4.2 產品攝影

商業場景中，產品攝影是一個非常大的需求，使用 Midjourney，可以生成漂亮且逼真的產品攝影圖片，且可以任意指定背景。

下面是一個範例。

提示詞：Realistic and natural photograph, a bottle of water, shining drips of water fall down on the side of bottle, product view, natural sunlight, backlight, edge light, summer, blossom background, sakura, white and pink tone, sunlight through the bottle, shining, nature, full detail, wide -angle view, pentax67 fuji400h --style raw

生成的圖片如圖 5-82 和圖 5-83 所示。

圖 5-82　　　　　　　　　　　　　　圖 5-83

5.4.3 風景

Midjourney 也可以生成風景圖片，下面是一幅秋天的高速公路的例子。

提示詞：A highway with deep autumn forests on both sides, and high snow mountains behind it, during the day, there is sunlight, and the sky has the moon, the sky is a far-reaching photographic work, with high definition --style raw

生成的圖片如圖 5-84 和圖 5-85 所示。

圖 5-84　　　　　　　　　　　　　　圖 5-85

5.4.4 高速攝影

高速攝影是一種透過使用非常快的快門速度捕捉運動中的瞬間影像的攝影技術。在高速攝影中，攝影師使用特殊的相機和燈光裝置來捕捉非常短暫的瞬間，例如飛濺的水滴、爆炸或碰撞的瞬間、快速運動的物體等。

使用 Midjourney，可以很輕鬆地生成高速攝影風格的圖片。下面是兩個例子。

圖 5-86 提示詞：Golden retriever dog shakes water from its head, looks happily at camera, water droplets are flying in the air, closeup, highly detailed, high speed photography, film --v 5. 1

圖 5-87 提示詞：dark red wine falling into a wine glass, close-up, highly detailed, high speed photography, cinematic --v 5. 1

圖 5-86

圖 5-87

5.4.5 復古照片

復古照片是一種充滿懷舊氣息的照片，其特點通常包括溫暖的色調、較低的飽和度、影像中有一定程度的噪點，以及磨損的邊框等。這種照片風格能喚起人們對往日時光的記憶，讓人回味無窮。

下面的例子中，採用了 1980 年代的風格，讓照片散發出那個時代獨特的韻味。

圖 5-88 提示詞：An old 1980s vintage photograph, Shanghai Street --v 5.1

圖 5-89 提示詞：A photo of a retro fashion model from the 1980s --v 5.1

圖 5-88　　　　　　　　　　　　　　　圖 5-89

5.4.6 超現實主義

超現實主義藝術風格是一種將夢幻、荒誕與現實相結合的創作手法，旨在挖掘無意識的奇思妙想，展現不受邏輯限制的想像。

超現實主義風格的作品是通常是誇張的、不可思議的、超脫現實的，Midjourney 非常擅長生成這樣的畫面。

下面是一些具體的例子。

1・超現實主義攝影《時間流逝》

提示詞：surrealist dream world style, photography, flowing time, chaotic time and space --v 5.1

生成的圖片如圖 5-90 和圖 5-91 所示。

圖 5-90　　　　　　　　　　　　　　圖 5-91

2・超現實主義攝影《騎腳踏車的兵馬俑》

提示詞：photography, surrealist dream world style, terracotta warriors riding bicycles --v 5. 1

生成的圖片如圖 5-92 和圖 5-93 所示。

圖 5-92　　　　　　　　　　　　　　圖 5-93

5.4.7 Knolling

Knolling 攝影是一種擺拍藝術，它的主要特點是將相關的物品按照 90 度角排列整齊地展示在平面背景上。這種攝影風格常被用於產品展示、藝術品展示以及記錄工作流程等。Knolling 攝影通常追求一種視覺上的秩序和和諧，同時也方便觀眾更容易理解和欣賞拍攝對象。

Knolling 攝影有四個關鍵：喜歡的物品、乾淨的背景、俯拍角度和陰天光線。提示詞訣竅為 Knolling+ 任何東西（Rose、Vegetables、Fruits 等）。

圖 5-94 提 示 詞：knolling, pink dress and jewelry, photography HD, 8k --v 5.1

圖 5-95 提示詞：Knolling, fruits --v 5.1

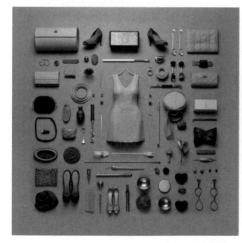 

圖 5-94   圖 5-95

雖然 Knolling 風格起源於攝影藝術，但也可以用於其他風格，下面是一個水彩畫風格的例子。

提 示 詞：**Knolling layout**, a cute girl making coffee, coffee tools, coffee beans, coffee cups, coffee pots, coffee machines, green plants, very detailed, depicted in the center of the image, various coffee tools neatly surround her, front view, watercolor style style expressive

生成的圖片如圖 5-96 和圖 5-97 所示。

圖 5-96　　　　　　　　　　　　　　　圖 5-97

5.5　建築設計

Midjourney 也可以用於建築設計，無論是需要一些包含建築的照片，還是想要尋找建築設計方案的靈感，Midjourney 都可以提供相應的幫助。

5.5.1 現代主義有機建築

現代主義有機建築（Modern Organic Architecture）是一種建築風格，強調建築與自然環境的和諧共生。這種建築風格倡導使用自然材料、優雅的曲線和流線型設計，以表現建築與環境之間的緊密聯繫。

使用 Midjourney，可以很方便地生成這種風格的建築設計，下面是一個具體的例子。

提示詞：organic house embedded into the hilly terrain designed by Kengo Kuma, architectural photography, style of archillect, futurism, modernist, architecture --v 5.1

生成的圖片如圖 5-98 和圖 5-99 所示。

圖 5-98　　　　　　　　　　　　　　　　　圖 5-99

5.5.2 室內設計

除了建築整體和外觀設計，Midjourney 同樣適用於生成室內設計效果圖。透過輸入描述性的提示詞，Midjourney 能快速生成展示室內布局、風格的圖片，從而激發設計的靈感。

圖 5-100 提示詞：Interior Design, a perspective of a Study, modernist, large windows with natural light, light colors, plants, modern furniture, modern interior design --v 5.1

圖 5-101 提示詞：Interior Design, a perspective of a living room and a kitchen, large windows with natural light, light colors, plants, modern furniture, modern interior design --v 5.1

圖 5-100　　　　　　　　　　　圖 5-101

5.6　其他

除了前幾節介紹的例子，Midjourney 能做的還有很多，下面再簡單介紹一些常見的場景以及案例。

5.6.1 貼紙

貼紙（Sticker）是用於裝飾或標識物品的一種物品。它們由紙張或塑膠材料製成，背面附有黏性膠貼，具有多樣的形狀、尺寸、顏色和設

計。貼紙的主題豐富多樣，涵蓋了動物、植物、運動、音樂和流行文化
等領域，同時也廣泛應用於手帳圖案設計。

圖 5-102 提示詞：Sticker, ice cream, Vector, White Background, Detailed --style raw

圖 5-103 提示詞：Sticker, rose, Vector, White Background, Detailed --style raw

圖 5-102　　　　圖 5-103

5.6.2 層疊紙藝術

層疊紙藝術（Layered Paper Art）是一種將不同顏色和紋理的紙張分
層堆疊，並透過剪下、摺疊和黏貼等技巧，創作出立體感和層次豐富的
作品的藝術。

圖 5-104 提示詞：layered paper art, spring landscape --style raw

圖 5-105 提示詞：layered paper art, elephant --style raw

圖 5-104　　　　　　　　　　圖 5-105

5.6.3 潮流 T 恤印刷圖案

Midjourney 也可以生成適用於 T 恤的圖案，例如下面例子中的潮流 T 恤圖案，採用了霓虹燈螢光粉和藍的色調，具備誇張且有衝擊力的視覺效果。

提示詞：T-shirt vector, dinosaur, vivid colors, pink and blue lighting --style raw

生成的圖片如圖 5-106 和圖 5-107 所示。

圖 5-106　　　　　　　　　　　　　圖 5-107

5.6.4 電影海報設計

電影海報作為一種視覺傳達媒介，旨在吸引觀眾注意力並激發他們的觀影興趣。因此，電影海報設計需要兼具吸引力、訊息傳遞能力和視覺衝擊力。

下面是兩個電影海報的例子。需要注意的是，目前 Midjourney 在文字內容生成上仍然有一些問題，例如海報上出現的單字可能會有拼寫錯誤，在實際使用時需要手動修改或調整。

圖 5-108 提示詞：movie poster, a dog's life --v 5.1

圖 5-109 提示詞：movie poster, sciencefiction future --v 5.1

圖 5-108　　　　　　　　　　　　圖 5-109

5.6.5 3D

透過 Midjourney，也能夠實現流行的盲盒和手辦設計。例如，下面的例子是設計一個 3D 的迪士尼公主形象。

提示詞：Cute trendy little girl, happy, white hair, curly hair, long hair, delicate features, Disney princess, Wear a blue dress, long legs, blind box, Solid color background, light color, complementing colors, **IP, c4d, blender, Unreal Engine, OC renderer, 3d rendering**, 8k --ar 1：1 --s 500 --niji 5 --style expressive

生成的圖片如圖 5-110 和圖 5-111 所示。

圖 5-110   圖 5-111

還可以給人物加入場景和動作，例如在街上行走。

提示詞：a boy, in a city walking on the street, pixar style, Animated character, IP, c4d, blender, Unreal Engine, OC renderer, 3d rendering --v 5.1

生成的圖片如圖 5-112 和圖 5-113 所示。

圖 5-112   圖 5-113

5.6.6 羊毛氈藝術

羊毛氈藝術（Wool Felting Art）是一種利用羊毛纖維進行創作的藝術形式。在創作過程中，藝術家透過溼氈法和幹氈法將羊毛纖維變形、纏繞和固定在一起，形成具有各種形狀和紋理的作品。羊毛氈作品可包括毯子、帽子、玩偶、裝飾品等多種型別，這種藝術形式因其獨特的質感和手工製作過程而廣受歡迎。

在現實世界中，創作羊毛氈藝術需要出色的動手能力以及耐心，然而透過Midjourney，可以很方便地生成各種羊毛氈藝術風格的圖片。例如下面的例子生成了毛茸茸的皮克斯風格的小動物，非常軟萌可愛。

圖 5-114 提 示 詞：snowing winter, super cute baby pixar style white fairy bear, shiny snow-white fluffy, wearing a wooly pink hat, delicate and fine, high detailed, bright color, natural light, simple background, octane render, ultra wide angle, 8K --v 5.1

圖 5-114

圖 5-115 提 示 詞：snowing winter, super cute baby pixar style white fairy bear, shiny snow-white fluffy, wearing a wooly blue hat, delicate and fine, high detailed, bright color, natural light, simple background, octane render, ultra wide angle, 8K --v 5.1

圖 5-115

還可以生成帶場景的圖片，甚至場景中的事物也都是羊毛氈藝術風格。

圖 5-116 提示詞：a girl in the garden, cute world of wool felt --v 5.1

圖 5-117 提示詞：cute world of wool felt, A group of rabbits are grazing on a hill full of flowers, superb lighting, Light colors --v 5.1

圖 5-116　　　　　　　　　　　　　　　　　　圖 5-117

5.7　本章小結

本章介紹了一系列 Midjourney 的創作範例，透過這些範例，讀者應該對 Midjourney 的創作能力以及如何使用 Midjourney 進行創作有了更多的了解。

Midjourney 非常強大，無論是插畫、攝影還是其他，各種常見的風格它都能處理，使用者要做的就是找到合適的關鍵詞，然後不斷調整，直到得到理想的圖片。

AI 繪畫正在改變傳統繪畫的概念以及流程的道路上不斷前進，無論是靈感探索還是實際應用，Midjourney 都能為創作者帶來非常大的助力。

上一章介紹了 Midjourney 的創作範例，本章將繼續深入，介紹一些 Midjourney 的進階用法，包括 Niji 模型的使用、從任意圖片中提取提示詞、墊圖的使用等，最後再介紹一個使用 Midjourney 創作繪本的例子。

6.1　Niji 模型

Niji 模型是 Midjourney 和 Spellbrush 合作的產物，它經過精心調整，擅長生成動漫風格的影像。[04]

要在 Midjourney 中使用 Niji 模型，只需在提示詞中新增「--niji」引數即可。另外，Niji 5 目前支持幾種不同的風格，分別是 Default Style（預設風格）、Expressive Style（表現風格）、Cute Style（可愛風格）、Scenic Style（風景風格）、Original Style（初始風格），可以使用類似「--style expressive/cute/scenic/original」的引數來指定風格，如不指定，則使用預設風格。

6.1.1 新增 Niji 機器人

如果需要經常使用 Niji 模型，可以在自建的伺服器中新增一個 Niji 機器人，方便隨時訪問。新增方法如下。

首先，在 Discord 介面的左側單擊「探索公開伺服器」按鈕，開啟 Discord 社群頁面，如圖 6-1 所示。

---

[04]　「Niji」源自日語「にじ」，是「彩虹」或者「2D」的意思。

在 Discord 社群頁面頂部的搜尋對話方塊中輸入「niji」或「niji jour-ney」，搜尋 Niji 社群，如圖 6-2 所示。

圖 6-1

圖 6-2

選擇搜尋結果中的「niji‧journey」選項，單擊進入，如圖 6-3 所示。

進入 niji‧journey 社群後，在左側列表中選擇一個聊天頻道，例如中文頻道中的「影像生成」，如圖 6-4 所示。

圖 6-3

圖 6-4

　　進入頻道，右側聊天區域是使用者輸入的繪圖內容以及 Niji 機器人的回覆，在任意一條 Niji 機器人的回覆上單擊它的頭像（綠色小帆船圖示），如圖 6-5 所示。

　　在彈出層中單擊「新增至伺服器」按鈕，如圖 6-6 所示。

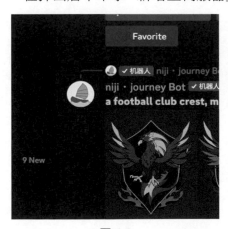

圖 6-5

圖 6-6

　　選擇要新增到的自定義伺服器，例如選擇自建的伺服器，單擊「繼續」按鈕，再單擊「授權」按鈕，如圖 6-7 和圖 6-8 所示。

看到「已授權」的彈出提示框時（如圖 6-9 所示），就表示 Niji 機器人已經成功新增到指定的伺服器中了。

進入剛剛新增 Niji 機器人的聊天室，輸入「/」，可在浮出面板中看見一個新的 niji・journey 機器人，圖示為綠色小帆船，執行帶這個綠色帆船圖示的命令即可使用 Niji 模型。

可以在執行「/imagine」命令時使用「--niji」引數來指定模型版本，使用「--style」引數來指定 Niji 模型的風格，也可以先透過「/settings」命令來修改預設使用的模型版本以及風格等設定項，如圖 6-10 和圖 6-11 所示。

至此，Niji 機器人就新增完成了，接下來將透過一些範例來演示 Niji 的用法和特點。注意，本節中的例子都是透過與 Niji 機器人互動繪製的，因此省略了「--niji」引數。如果是直接與 Midjourney 機器人互動，不要忘記新增「--niji」引數。

圖 6-7

圖 6-8

圖 6-9

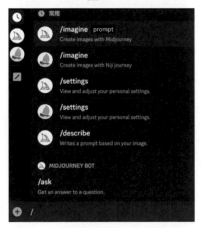

圖 6-10

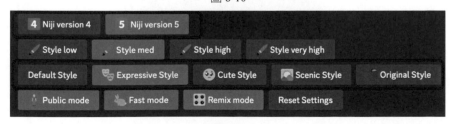

圖 6-11

6.1.2 製作表情包

　　網路聊天中，表情包是非常流行的元素，合適的表情包不僅能讓交流妙趣橫生，還能傳遞很多文字難以表達的訊息。或許你也曾經想過，能不能製作一套屬於自己的表情包呢？

　　徒手繪製表情包是一件成本很高的事，除了需要高超的繪畫技巧，從構思到成品還需要花費大量的時間和精力。不過，如果使用 Midjourney 的 Niji 模型，一切都將簡單很多。

　　下面，以一隻小黃鴨為主角來製作一套表情包。

　　表情包提示詞的要點：各種表情，開心，悲傷，憤怒，期待，哭泣，失望，大眼睛。可以根據需要新增或修改關鍵詞。

　　在風格上的要點主要有插圖、皮克斯風格、白色背景，以及使用 Default Style（預設模型）。

　　最終使用的提示詞：Various expressions of yellow duck, happy, sad, angry, expectant, cry, disappointed, big eyes, white background, illustration, Pixar style --ar 1：1

　　得到的圖片如圖 6-12 所示。

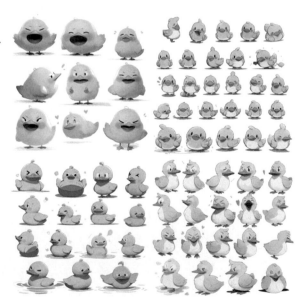

圖 6-12

　　四張圖片各有特色，選擇右下角那張圖，單擊「U4」按鈕放大，然後再單擊「V4」按鈕，繼續微調，以便獲得更多這個畫風的表情圖片，如圖 6-13 所示。

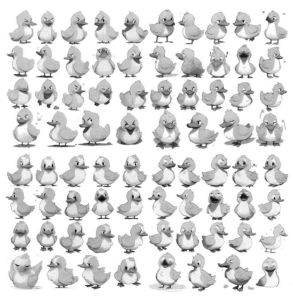

圖 6-13

　　可以多次微調，直到獲得足夠多的素材。之後將選中的圖片匯入 Photoshop 或其他影像處理軟體，切出自己喜歡的表情圖片，再調整為統一尺寸即可。

　　圖 6-14 所示是整理完成並新增了描述文字的範例。

　　可以將這些表情包圖片匯入自己的聊天軟體中，作為自己的專屬表情包，也可以釋出到微信表情等開放平台，讓更多人使用。

　　以微信表情包為例，一套微信表情包一般包含 8 張、16 張或 24 張圖片，圖片尺寸為 240×240 像素。按照微信平台的要求上傳提交，稽核透過之後，一套《小黃鴨》的表情包就正式上架了。

6.1.3 商業海報應用

商業海報是一種視覺傳播工具，主要應用於產品廣告、商業活動、企業宣傳、服務推廣、招募活動等。商業海報的設計通常包含引人入勝的影像、醒目的文字和品牌標識，力求在有限的空間內產生最大的視覺衝擊，從而有效地傳遞訊息並吸引目標閱聽人。

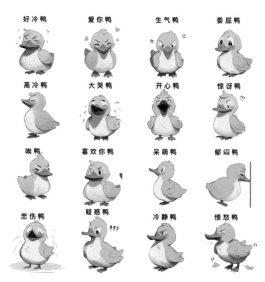

圖 6-14

商業海報的設計過程可以大致分為以下 6 個步驟。

01　與甲方充分溝通，深入了解需求。

02　出草圖。

03　小色稿。

04　整體插畫上色。

05　排版設計。

06　完成。

其中第二步到第五步，每一步都需要與甲方溝通確認，一稿不過，還需再改，再確認。整個過程可能會花費很多時間。

有些時候，甲方對具體想要的效果也只有一個模糊的概念，於是雙方需要花費大量的時間和精力來反覆確認需求。如果在早期就能有一些概念圖作為參考，雙方的溝通無疑會順暢很多。這時，就可以用到 Midjourney 等 AI 繪畫工具了。

以一幅母親節海報為例。

首先確定海報的內容主體：一位媽媽以及一個小女孩。

海報內容描述：小女孩拿著花，微笑著，在花園裡，明亮的，溫暖的色彩。

海報風格：兒童插畫，Niji 預設版本（Default Style）。

繪畫提示詞：A little girl was holding flowers in the garden, smiling, with mother, children's book illustrations, bright and warm colors --ar 9：16

生成的圖片如圖 6-15 所示。

圖 6-15

　　四張圖片畫面溫馨、色調溫暖，整體感覺都符合期望，但仔細觀察，卻又都不夠完美，例如手都有一些或大或小的問題，這也是目前 Midjourney 出錯率最高的部分。可以多次生成圖片，直到得到足夠完美的圖片，也可以選擇一張問題相對較小的圖片，手動進行修改。

　　例如選擇圖 6-15 右下的第四張圖，單擊「U4」按鈕，放大圖片並下載。

　　這張圖片中小女孩的右手手指明顯偏短，將圖片匯入 Photoshop，模仿圖片風格做一些調整，如圖 6-16 所示。

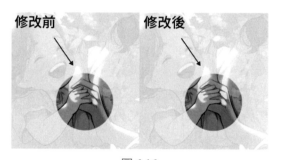

圖 6-16

　　將小問題調整好之後，再進行排版設計，一張母親節海報就完成了。最終效果如圖 6-17 所示。

圖 6-17

6.1.4 Niji 版本的風格

Niji 版本內建了幾種風格，可使用「/settings」命令切換。下面來看一看這些風格有什麼不同。

1‧Default Style（預設風格）

Default Style 是 Niji 模型預設的風格，如果不指定「--style」引數，系統會自動使用這個風格。這個風格符合當代的主流審美，風格和色調連貫協調，色彩柔和。

下面來看兩個範例。

圖 6-18 提示詞：Chinese boy riding a mythical white tiger, ink painting, rich color palette, pov perspective, close-up, first person, amazing moment, Chinese painting, c4d, octane render, best quality, high detail --ar 9：16 --s 250

圖 6-19 提示詞：Chinese boy riding a mythical blue dragon, ink painting, rich color palette, pov perspective, close-up, first person, amazing moment, Chinese painting --ar 9：16 --s 250

圖 6-18

圖 6-19

2・Expressive Style（表現風格）

Expressive Style 風格生成的圖片具有較強的表現力，畫面更通透靈動，色彩飽和度更高，層次感也更強。

下面來看一個例子。

圖 6-20 和圖 6-21 提示詞：Graphic illustration, a tent, a couple sitting on the lawn, delicate features, cute, girl in sun hat, boxes, chairs, lawn, tent, blue sky, white clouds, small flowers, pleasant, spectacular background, high detail, high saturation, super quality, rich detail --ar 3：4 --style expressive

圖 6-20

圖 6-21

3・Cute Style（可愛風格）

Cute Style 風格中人物形象都有可愛的臉部造型，畫面扁平，細節豐富，色彩飽和度較低，色彩清新透氣，整體畫風溫和，非常適合繪製可

愛的動漫角色。

下面來看一個例子。

圖 6-22 和圖 6-23 提示詞：A cute little girl in a dress dancing with plants in the background --style cute

圖 6-22　　　　　　　　　　圖 6-23

4．

Scenic Style（風景風格）

Scenic Style 風格會強化畫面中的場景和風景，減弱人物元素，並將人物自然地融入場景中，使得畫面更具有空間感，非常適合表現宏大的場景。

下面來看一個例子。

圖 6-24 和圖 6-25 提示詞：A boy, with his dog, arrives in the huge abandoned city, summer, wide angle --style scenic

圖 6-24

圖 6-25

5·

Original Style（初始風格）

　　Original Style 風格曾經是 Niji 模型最初的預設設定，不過現在 Niji 已經有了新的預設風格，因此這個風格改名為 Original Style（初始風格）。如果想繼續使用原來的預設風格繪圖，可以透過「/settings」命令選擇「Original Style」，或者使用引數「--style original」來指定這個風格。

　　下面來看一個例子。

　　圖 6-26 和圖 6-27 提示詞：poster design, flat illustration, The bride holds the bouquet, the groom holds the bride, Half body close-up, the background is a sea of flowers, imagination, delicate --style original

圖 6-26   圖 6-27

　　Niji 模型可以讓使用者在二次元的世界暢遊探索，隨著版本的不斷更新疊代，它將帶來更多的風格以及可能。善用 Niji 模型和它的各種風格，能讓使用者更快、更好地創作。

6.2　圖片描述（Describe）

　　有時看到一張心動的圖，想要繪製相同風格的圖片，但無論怎麼修改提示詞都得不到想要的效果，該怎麼辦呢？

　　遇到這種情況也不用擔心，Midjourney 不僅可以「文生圖」，還可以「圖生文」，只需使用「/describe」命令並上傳一張圖片，Midjourney 就會分析這張圖片並生成提示詞。

　　具體用法如下。

　　首先，在輸入框輸入命令「/describe」，如圖 6-28 所示。

　　隨後，會彈出一個新增檔案的面板，上傳想生成描述的圖片，按

Enter 鍵提交命令，如圖 6-29 和圖 6-30 所示。

圖 6-28

圖 6-29　　　　　　　　　　圖 6-30

接下來，Midjourney 會返回 4 條提示詞結果，如圖 6-31 所示。

4 條提示詞各有側重，單擊圖片下方的 1、2、3、4 按鈕，便可將對應編號的提示詞發送給 Midjourney 機器人，讓它根據該提示詞生成圖片。單擊重新整理按鈕，可以重新生成一組提示詞。

圖 6-31

　　圖 6-32 和圖 6-33 所示分別是根據第 1 條和第 3 條提示詞生成的圖片。儘管無法生成與原圖完全相同的圖片，但可以看到新圖的風格、內容都與原圖非常相似。

圖 6-32　　　　　　　　　　　　　　　　　　圖 6-33

　　除了直接生成相似的圖片，也可以使用「/describe」命令來學習提示詞的寫法，例如命令生成的提示詞中通常會包含原圖的構圖、主體、風格、色彩等方面的描述，這些都可以作為學習參考。

6.3　墊圖

　　第 4 章簡單介紹過提示圖片，即墊圖的用法。這個功能在一些場景中非常有用，接下來將進一步介紹這個功能。

　　所謂墊圖，就是給 Midjourney 提供一張或多張原圖，讓它基於原圖進行創作，由此生成的圖片將保留原圖的主要特徵。這個方法能讓 AI 的創作更可控，讓產出的圖片更符合期望。

6.3.1 生成頭像

　　例如，如果想用 AI 為自己生成一張個性化的社交網路頭像，當然可以直接輸入描述性的文字提示詞，但這樣生成的圖片和本人相貌多半差異很大，因為語言描述總是會有偏差，而且 Midjourney 對語言的理解能力比較有限，這就導致生成的圖片跟預期相比有很大的偏差。

　　那麼，有辦法生成和自己相似的頭像嗎？答案是肯定的，而且很簡單，只需使用墊圖的方式，給 AI 提供一張自己的照片，再輸入適當的文字提示詞，它就會參考照片中人物的相貌特點進行創作。

　　以圖 6-34 所示的半身像為例，演示如何使用墊圖的方法生成個性化頭像。

圖 6-34

　　首先，在 Discord 的輸入框中黏貼這張素材，然後按 Enter 鍵，發送照片，如圖 6-35 所示。

圖 6-35

照片發送成功之後，在聊天記錄中的圖片上右擊，在彈出快捷選單中選擇「複製連結」選項，得到圖片的連結地址，如圖 6-36 所示。

圖 6-36

接著，輸入「/imagine」命令，然後在提示詞最前方黏貼圖片的連結地址，空一格之後繼續輸入期望的風格描述，例如油畫風格（oil painting style），如圖 6-37 所示。

圖 6-37

提示詞：https：//s. mj. run/WflrxBVcpxU　oil painting style

提交命令，Midjourney 就會根據墊圖以及提示詞生成四幅油畫肖像，如圖 6-38 所示。

圖 6-38

可以看到，生成的圖片保留了很多原圖的相貌特徵，同時又有指定的藝術風格。

6.3.2 更多風格

以墊圖為基礎，可以生成更多不同風格的頭像，例如換成可愛的迪士尼公主風格。

下面是一個例子，注意提示詞中加粗的部分。

提示詞：https://s. mj. run/9Z4BGcG3CuE **Disney style, portrait, 3d rendering, cute**

圖 6-39

生成的圖片如圖 6-39 所示。

如果想讓人物更像中國人，可以繼續新增細節描述。

下面是一個例子，注意提示詞中加粗的部分。

提示詞：https://s. mj. run/Wfl-rxBVcpxU Disney style, portrait, simple avatar, 3D rendering, clay, **a cute Chinese young girl**

圖 6-40

生成的圖片如圖 6-40 所示。

在這個效果的基礎上，還可以繼續新增或修改提示詞，改變服裝和造型。例如穿上粉色裙子、拿著玫瑰等。

下面是一個例子。

圖 6-41 提 示 詞：https://s. mj. run/WflrxBVcpxU Disney style, simple avatar, 3d rendering, clay, a cute Chinese young girl, standing, Wearing a pink princess gauze dress, holding a lot of roses, full body

基於墊圖，再加上細節描述文字，可以創作出各種風格的頭像。這些頭像不僅能夠保留自己的面部特徵，還充滿了個性和藝術感。

圖 6-41

6.3.3 在 Niji 模型中使用

墊圖功能在 Niji 模型中同樣可用，生成的圖片會具有鮮明的動漫風格。

下面是一個例子，注意提示詞中加粗的部分。

圖 6-42 提示詞：https://s.mj.run/WflrxBVcpxU Disney style, simple avatar, 3d rendering, clay, a cute Chinese young girl standing, Wearing a pink princess gauze dress --niji 5 --style expressive

圖 6-42

6.3.4 圖片權重

第 4 章簡單介紹了提示圖片的權重引數「--iw」,本節將以頭像生成為例,再來看一看權重引數的具體效果。

圖片權重引數的格式為「--iw < 數值 >」,其中數值範圍為 0 ～ 2,預設值為 1。

在使用墊圖生成圖片時,AI 會參考原圖生成新的圖片,但具體要參考到什麼程度呢?這就可以用權重引數來控制,數值越小,AI 自由發揮的空間越大,數值越大,生成的圖片就越接近原圖。透過調整權重引數,可以在保留原圖特徵的同時,實現不同程度的創意發揮。

下面調整影像權重值為 0.5。

提 示 詞:https://s. mj. run/WflrxBVcpxU Disney style, portrait, simple avatar, 3D rendering, clay, a cute Chinese young girl standing --iw 0.5

生成的圖片如圖 6-43 所示。

圖 6-43

保持較低的權重值，再嘗試一下其他風格。

提示詞：https://s.mj.run/WflrxBVcpxU Sketch, simple lines, black and white, a cute Chinese young girl standing --iw 0.5

生成的圖片如圖 6-44 所示。

提示詞：https://s.mj.run/WflrxBVcpxU watercolor, a cute Chinese young girl --iw 0.25

生成的圖片如圖 6-45 所示。

可以看到，當圖片權重的值較低時，生成的圖片與原圖在主題（女性肖像）以及姿勢（半身像）上保留了一定的相似性，但其餘部分已經有了相當明顯的差異，與原圖人物的相貌也已經幾乎完全不同，同時畫面的風格化也更強烈了。

圖 6-44

圖 6-45

6.3.5 多人照片

除了前面使用單人照生成頭像，也可以使用多人照片作為墊圖來生成圖片。

來看一個例子，圖 6-46 所示是一對新人的婚紗照，將這張照片作為墊圖。

圖 6-46

提示詞：https://s. mj. run/6uLKrPRVRcw simple avatar, 3d rendering, pixar style, couple, wedding

生成的圖片如圖 6-47 所示。

圖 6-47

再看一個例子，圖 6-48 所示是一張溫馨的全家福照片，將使用這張照片作為墊圖。

圖 6-48

提示詞：https://s. mj. run/0pvFIurB9uo simple avatar, 3d rendering, pixar style, dad, mom, baby, sitting on the sofa, warm and bright tones, looking at the camera and smiling

生成的圖片如圖 6-49 所示。

圖 6-49

　　注意：目前 Midjourney 在處理包含多個對象的墊圖時還存在一些問題，如果墊圖中人數較多（多於 3 人），或者環境較為複雜，可能會影響生成圖片的效果。不過，隨著 Midjourney 的疊代更新，相信它對多個對象的處理能力也會越來越完善。

　　也可以同時使用多張圖片作為墊圖，這樣生成的圖片將具有所有傳入墊圖的特徵。多張圖片的連結需要放在提示詞最前面，每個連結之間空一格。

　　墊圖的提示詞的一般格式：墊圖連結 + 風格提示詞 + 輸出效果 + 人物細節提示詞 + 引數。善用墊圖功能，將有助於更好地控制生成圖片的內容。

6.4　創作故事繪本

　　繪本是一種將插畫和文字相結合的圖書形式，透過精美的插畫和簡潔的文字，將故事或知識傳達給讀者。繪本能激發孩子的想像力、創造力和閱讀興趣，非常適合兒童閱讀。繪本的內容豐富多樣，包括童話故事、寓言、科普知識等，既可以娛樂休閒，也可以學習教育，是首選的親子共讀材料。

　　繪本創作是一項專業性很強的工作，尤其在插畫繪製方面，它需要創作者具備專業的繪畫技能和豐富的創意。然而，在 AI 高速發展的當下，利用 Midjourney 等工具，即便是沒有美術基礎的非專業人士，也能夠將自己的故事轉換為令人讚嘆的繪本。

　　繪本的核心要素包括故事和插畫，本節不討論故事寫作部分，只關注插畫創作。

和之前的單幅插畫創作不同，繪本插畫通常由一系列相互關聯的多張圖片組成。在這些圖片中，角色形象、環境背景和繪畫風格都需要保持一致，對於 Midjourney 這種細節不太可控的工具來說，這是一個不小的挑戰。

6.4.1 繪本範例：男孩和貓

下面來看一個具體的例子。

這是一個關於小男孩收養了一隻小貓並與小貓建立起感情連線的故事，主角是一位 5 歲的穿著紅色的 T 恤的小男孩，以及一隻可愛的小黑貓。

為了讓畫風保持一致，可以在每幅畫的提示詞最後新增插畫師的名字作為關鍵詞，這樣 Midjourney 就會以這位插畫師的風格來生成圖片。本例選擇了英國著名插畫師昆丁・布萊克（Quentin Blake）的風格，他的作品以誇張的線條和幽默的表現手法著稱。

在確定好故事、角色形象以及畫風之後，就可以開始創作了。下面是各頁的內容以及提示詞。

第一頁：一個穿著紅色 T 恤的小男孩在一個紙箱子裡看到了一隻小黑貓。

提示詞：A 5-year-old boy, in a red T-shirt, sees a small black cat baby, in a cardboard box, Quentin Blake

在提示詞的末尾新增了插畫師的名字 Quentin Blake，以便使用他的畫風，生成的圖片如圖 6-50 所示。

圖 6-50

第二頁：小男孩看它可憐，就把小黑貓帶回了家。

提示詞：A 5-year-old boy, in a red t-shirt, walking home with his little black cat baby, Quentin Blake

生成的圖片如圖 6-51 所示。

圖 6-51

第三頁：小男孩餵小黑貓吃東西。

提示詞：A 5-year-old boy, in a red T-shirt, feeds a baby black cat, Quentin Blake

生成的圖片如圖 6-52 所示。

圖 6-52

第四頁：小男孩每天與小黑貓一起玩耍，一起開心地玩球。

提 示 詞：A 5-year-old boy, in a red T-shirt, he plays with a ball, with a little black cat baby, happy, Quentin Blake

生成的圖片如圖 6-53 所示。

圖 6-53

第五頁：小男孩和小黑貓一起去釣魚。

提 示 詞：A 5-year-old boy, in a red T-shirt, a little black cat baby, fishing, Quentin Blake

生成的圖片如圖 6-54 所示。

圖 6-54

　　第六頁：小男孩和小黑貓坐在沙發上一起看書，他們成了最好的朋友。

　　提示詞：A 5-year-old boy, in a red T-shirt, happily hugs a little black cat baby, sitting on the sofa, Quentin Blake

　　生成的圖片如圖 6-55 所示。

圖 6-55

　　一共繪製了六頁插畫，一個繪本小故事就完成了。讀者可以根據自己的構思，創作屬於自己的繪本故事，甚至還可以將繪本列印裝訂成冊，變成真正可以拿在手中翻閱的繪本。

6.4.2 繪本創作要點

　　從上面的例子中可以得出，為了保證繪本畫風的連貫性，需要注意以下兩點：一是為角色新增一些具體的描述，例如年齡、髮型、衣著、特色裝飾等，也可以選擇某個知名的人物或動物形象，以便為主角形象設定一個清晰的框架；二是指定某位藝術家或者具體的繪畫風格，以便整組圖片畫風一致，沒有太大出入。角色描述以及畫風的關鍵詞需要在所有圖片的創作中保持一致。

接下來，就是像電影導演分鏡一樣，將故事拆分為多個畫面，針對每幅畫面精煉提示詞，然後利用 Midjourney 生成相應的插畫。

最後，將這些插畫串聯起來，形成一個連貫的故事繪本。透過這樣的方法，即使是沒有專業美術背景的創作者，也能夠順利地完成繪本創作。

6.5　本章小結

本章介紹了 Midjourney 的一些進階用法，包括如何使用 Niji 模型繪製動漫風格的插畫，如何使用「/describe」命令從圖片中反向獲得提示詞描述，以及如何使用墊圖來影響最終生成圖片的內容，最後，還介紹了如何使用 Midjourney 來創作包含多幅插畫的故事繪本。

透過本章內容的學習，相信讀者已經對 Midjourney 的能力以及用法有了一個較為全面的了解，應該可以使用 Midjourney 繪製出各種精美的畫作。

Midjourney 是一個強大的工具，雖然目前它仍有一些不足之處，但它正在快速發展中，可以預見，在不久的將來，它的功能將變得越來越豐富和完善，為使用者帶來更加卓越的創作體驗。

無論是專業設計師還是業餘愛好者，用好 Midjourney，一定能帶來更多靈感，讓創意工作更加高效和有趣。

第 7 章
Stable Diffusion 介紹

　　最近的 AI 繪畫熱潮中，由 StabilityAI 公司開發的 Stable Diffusion 無疑是最知名也最有影響力的技術之一。得益於其卓越的圖片生成效果、完全開源的特點以及相對較低的配置需求（可在消費級 GPU 上執行），在推出後不久它就流行開來，大量開發者以及公司加入它的社群參與共建，同時，還有很多公司基於 Stable Diffusion 推出了自己的 AI 繪畫應用。

　　Stable Diffusion 在技術上基於擴散模型（Diffusion Model）實現。它的疊代速度很快，截至本書編寫，Stable Diffusion 的最新版本是 2.1 版，不過之前的版本，如 1.5 版仍然很流行。

　　如果將 Midjourney 比作自動擋駕駛，Stable Diffusion 就類似手動擋，它的上手門檻比 Midjourney 高一些，但只要熟練掌握，將能獲得比 Midjourney 更多的自由度。

　　接下來，就一起來學習 Stable Diffusion 這個神奇的工具。

7.1　在本地安裝和執行 Stable Diffusion Web UI

　　網際網路上有很多基於 Stable Diffusion 的服務，由於 AI 繪圖非常耗費資源，這些服務大多是收費的，不過部分服務商也會提供一定的免費額度，可以直接選擇一個這樣的線上服務。如果電腦配置足夠，也可以在自己的電腦上安裝和執行 Stable Diffusion，以便不受限制地探索 AI 繪畫。

Stable Diffusion 本身並不支持圖形介面，需要透過使用命令列的方式呼叫，這對普通使用者而言操作體驗很不友好。因此，一些開發者為它開發了各種圖形介面，其中最流行的當數 Stable Diffusion Web UI，它是一個基於瀏覽器的操作介面，同時也是一個免費開源專案，任何人都可以安裝和使用。

在後續的探討以及案例中，將主要基於 Stable Diffusion Web UI（以下簡稱為 Web UI）介面，本節先介紹如何在本地安裝和執行它。

7.1.1 安裝準備

雖然 Web UI 可以在消費級電腦上執行，但它對硬體條件和軟體環境也有一定要求。

1．硬體要求

由於 Stable Diffusion 生成影像主要依賴 GPU，因此對顯示卡有較高的要求，一般需要獨立顯示卡，並且效能越高越好。NVIDIA（英偉達）顯示卡或 AMD 顯示卡都可支持，但官方推薦 NVIDIA，同時也支持蘋果 M1/M2 晶片。

顯示卡效能將直接影響圖片的生成速度。例如，在頂級顯示卡中，生成一張圖片可能僅需幾秒，而在效能較差的顯示卡上，相同的任務可能需要幾十秒甚至數分鐘才能完成。由於 AI 繪畫經常需要透過調整關鍵詞和引數來對結果進行微調，因此出圖速度會影響調整效率，如果生成圖片的速度過慢，就意味著創作者在整體上需要花費更多時間。

顯示記憶體大小也會影響出圖的效果，顯示記憶體較低的顯示卡通常只能繪製尺寸較小的圖片，且在自行訓練模型時也會受到限制。一般推薦顯示記憶體至少要有 8GB。

表 7-1 所示是參考配置。

表 7-1

	最低配置	推薦配置
CPU	無硬性要求	支持64位的多核處理器
顯卡	GTX 1660Ti 或同等性能顯卡	RTX 3060Ti 或同等性能顯卡
顯示記憶體	6GB	8GB
主記憶體	8GB	16GB
硬碟空間	20GB 可用硬碟空間	100GB 以上可用硬碟空間

在最低配置下，大約需要 1 ～ 2 分鐘才能生成一張圖片，支持的最高解析度為 512×512 像素；而使用推薦配置，10 ～ 30 秒即可生成一張圖片，支持的最高解析度為 1024×1024 像素。這兩個配置僅作為參考，隨著 Stable Diffusion 的疊代更新，其對硬體的要求也會發生變化。

如果電腦配置無法執行 Stable Diffusion，可以嘗試雲端方案，在效能更好的雲端計算平台主機上進行安裝執行，安裝方法與在本地安裝類似。

2・軟體要求

軟體方面需要電腦上安裝有 Python[05] 以及 Git 環境。

如果不熟悉 Python，可以安裝 Conda 等軟體環境包管理系統，它會幫助安裝配置好 Python 環境。

Git 是一個流行的分散式版本管理系統，需要透過它來下載 Web UI 相關的程式碼。同時，當 Web UI 釋出新版本後，也可以透過 Git 來拉取最新的原始碼。如果電腦上沒有安裝 Git，可以訪問網站 https://git-scm.com/，並根據網站上的說明下載和安裝 Git。

另外，如果使用的是 NVIDIA 顯示卡，還需要安裝 CUDA，這是一

---

[05]　目前版本中建議安裝 Python 3.10.6

種軟硬體整合技術，透過這個技術，使用者可利用 NVIDIA 的 GPU 進行
影像處理之外的運算。具體可前往 NVIDIA 官網頁面下載，然後執行安
裝程式，根據提示進行安裝即可。

7.1.2 下載原始碼

按前面的條件安裝好 Python 以及 Git 之後，即可選擇一個目錄，
開始安裝 Web UI。此處有一些注意事項，一是安裝路徑最好不要有中
文或特殊字元，不然一些功能或擴展有可能出錯，二是最好選擇一個剩
餘空間比較寬裕的盤，因為後續可能需要下載很多模型檔案，比較占用
空間。

做好準備之後，開啟命令列終端，定位到想安裝 Web UI 的目錄，輸
入以下命令：

git clone https://github.com/AUTOMATIC1111/stable-diffusion-webui

這個命令將會從 GitHub 上下載 Stable Diffusion Web UI 的最新原始
碼到本地，儲存在當前目錄下的 stable-diffusion-webui 檔案夾內。等下載
完成之後，開啟這個 stable-diffusion-webui 檔案夾，繼續後續操作。

將來如果需要更新 Web UI 原始碼，只需在命令列中開啟 stable-
diffusion-webui 檔案夾，並執行「git pull」命令拉取最新原始碼即可。

7.1.3 下載模型

剛剛下載的只是 Web UI 的原始碼，不包含模型，想要繪圖，還需要
至少安裝一個模型才行。如果還沒有模型檔案，可以去 Hugging Face、
Civitai 等平台下載，不同的模型有不同的風格特點，可以根據需要自行
選擇。

模型檔案一般以「.ckpt」或「.safetensors」結尾，兩種檔案的用法相同，不過「.ckpt」格式由於釋出較早，存在一些缺陷，理論上可能包含惡意程式碼，而「.safetensors」解決了這個問題，因此更加安全。如果一個模型兩種格式都提供，一般建議選擇「.safetensors」版本。

有一些模型還會附帶 VAE（.vae.pt）或配置檔案（.yaml），需要一起下載。

下載好模型檔案之後，將它放到 Web UI 安裝目錄下的「models/Stable-diffusion」檔案夾下即可。如果該模型帶有 VAE 或配置檔案，需要確保它們的檔案名（除去字尾部分）和模型的檔案名相同，並和模型檔案放在同一個檔案夾。

7.1.4 執行

接下來就可以正式執行 Web UI，這個操作在不同系統上稍有差異。

如果使用的是 Windows 系統，可以輕按兩下執行檔案夾中的 webui.bat 檔案，也可以使用命令列執行它。如果使用的是 macOS 或者 Linux，則可以在命令列中導航到這個目錄，執行 webui.sh 檔案。webui.bat 或 webui.sh 作用是一樣的，用於啟動 Web UI 服務。

首次執行時，Web UI 需要下載和安裝一些依賴項，可能會耗時較長，之後的執行會快很多。如果一切順利，一會兒之後會在命令列介面看到類似下面的訊息：

Running on local URL: http://127.0.0.1:7860

如圖 7-1 所示，表示 Web UI 的服務已經啟動了，用瀏覽器訪問 http://127.0.0.1:7860，即可開啟 Web UI 的介面，如圖 7-2 所示。

圖 7-1

如果正在使用的環境變數需要做一些自定義配置，或者要新增一些自定義的啟動引數，一般不建議直接修改 webui.bat 或 webui.sh，而是修改檔案夾中的 webui-user.bat（Windows 使用者）或者 webui-user.sh（macOS 或 Linux 使用者）。

圖 7-2

如果需要關閉或退出 Web UI，只需退出終端中的命令即可。

7.1.5 介面說明

Web UI 的介面沒有花哨的設計，一切以實用為主。以 1.2.1 版為例，它的主要功能區介紹如圖 7-3 所示。

隨著 Web UI 的疊代更新，介面可能也會發生變化，不過大致功能模組一般不會頻繁變化。另外，這個介面也支持夜間模式，只需在瀏覽器位址列中新增「__theme=dark」引數即可切換，即訪問「http://127.0.0.1:7860/?__theme=dark」即可。

圖 7-3

7.1.6 中文介面

Web UI 預設為英文介面，可以透過安裝擴展的方式新增中文語言翻譯。

如果需要安裝中文擴展，可單擊功能導航中的「Extensions」標籤，並單擊其中的「Available」子標籤，搜尋「localization」關鍵詞，即可列出可用的語言擴展，列表中名字形如「zh_Hans Localization」的擴展即是中文語言擴展，找到後單擊右邊的「Install」按鈕，即可安裝該擴展，如圖 7-4 所示。

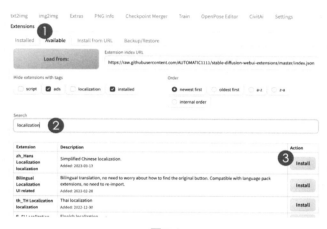

圖 7-4

安裝好擴展之後，還需要去設定介面開啟一下，如圖 7-5 所示，操作步驟如下。

圖 7-5

01　單擊頂部導航的「Settings」標籤。

02　選擇左側的「User interface」選項。

03　在頁面中找到「Localization（requires restart）」選項，單擊其下拉按
　　鈕，在下拉選單中選擇想使用的語言，例如「zh-Hans（Stable）」（表
　　示簡體中文穩定版），如圖 7-6 所示。

圖 7-6

04　回到頁面頂部，單擊「Apply settings」按鈕儲存並應用剛剛的修改。

05　最後，再單擊旁邊的「Reload UI」按鈕或者直接重新整理頁面，介面
　　就換成中文版了。

中文版介面如圖 7-7 所示。

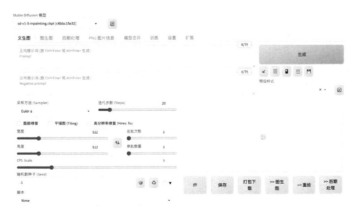

圖 7-7

　　後續小節中將以中文版進行演示。不過由於 Web UI 疊代很快，中
文翻譯有時可能會有一些遲滯，因此介面上可能有一些內容仍是以英文

顯示。另外，如 ControlNet 等專用名詞，由於暫時還沒有通用的標準譯法，也會直接以英文顯示。

還可以安裝更多擴展，進一步增強 Web UI 的功能，後續章節中將會介紹一些常用擴展。

7.2　基本用法

接下來快速了解如何在 Web UI 中繪圖。

7.2.1 模型與導航

和 Midjourney 不同，Stable Diffusion 有很多模型可供選擇，但需要自行下載安裝。可以從 Hugging Face、Civitai 等平台下載模型，並將模型檔案（以及可能附帶的配置檔案）放到 Web UI 安裝目錄下的「models/Stable-diffusion」檔案夾中。

下面的例子中使用的是 Stable Diffusion 1.5 Inpainting 模型，這是 Stable Diffusion 官方出的一個流行的基礎模型。

啟動 Web UI 後，介面左上角是模型選擇下拉框，單擊這個下拉框可以看到並選擇已經安裝的模型。如果新下載的模型不在列表中，可單擊下拉框旁邊的「🔄」圖示重新整理列表，如圖 7-8 所示。

圖 7-8

接著，在導航欄選擇第一個標籤「文生圖」，即可進入繪圖介面，如圖 7-9 所示。

圖 7-9

7.2.2 提示詞

要在 Stable Diffusion 中畫圖，需要透過輸入文字提示詞來告訴它想要什麼樣的影像。

Stable Diffusion 的提示詞分為正向提示詞和反向提示詞。顧名思義，正向提示詞表示繪圖時想要的內容，反向提示詞則表示不想要的內容。提示詞一般需要使用英文，不同的關鍵詞之間使用半形逗號隔開，也有一些模型支持中文或其他語言的關鍵詞，具體可見各模型的說明。

下面來看一個具體的例子。例如，想畫一隻在開心地奔跑的小狗，可以在正向提示詞輸入框中輸入以下內容：

a dog, happy, running

其餘輸入框或引數保持預設，然後單擊右側的「生成」按鈕，稍等片刻，就能在右側的預覽面板看見生成的圖片，生成的圖如圖 7-10 所示。注意，Stable Diffusion 生成圖片時具有一定隨機性，用相同提示詞生成的圖片也會有所不同。

圖 7-10

如果圖片沒有正常生成，可以檢視一下 Web UI 終端是否有報錯訊息。

Web UI 生成的圖片會自動儲存到 Web UI 安裝目錄下的「outputs/txt2img-images」檔案夾中，單擊預覽面板下方最左側的檔案夾按鈕，即可開啟這個檔案夾。

為了讓生成的圖片品質更好一些，還可以新增一些反向提示詞。

下面是一段反向提示詞的例子：

lowres, bad anatomy, text, error, extra digit, fewer digits, cropped, worst quality, low quality, normal quality, jpeg artifacts, signature, watermark, username, blurry

這些詞的含義是「低解析度、不良解剖結構、文字、錯誤、多餘數字、較少數字、裁剪、品質最差、低品質、正常品質、jpeg 偽像、簽名、水印、使用者名稱、模糊」。

加上反向提示詞後，生成的圖片如圖 7-11 所示。

在本例中，反向提示詞的影響不是很顯著，不過在進行更複雜的繪畫

圖 7-11

時，反向提示詞可能會對圖片內容和品質造成非常重要的作用，後續章節中可以看到更多範例。另外，可以看到這個例子中小狗的毛色變成了黃色，和圖 7-10 不同，這是因為沒有指定小狗的毛色特徵，Stable Diffusion 進行了隨機選擇。

在下一章，還將深入介紹提示詞的更多寫法。

7.2.3 圖片權益

剛剛使用 Stable Diffusion 生成了兩張小狗的圖片,很多讀者可能會有疑問,這兩張圖片有版權嗎?或者更廣泛一點,用 Stable Diffusion 生成的圖片屬於誰?可以商用嗎?

這是一個複雜的問題,目前國內外都還存在很多爭議。由於 Stable Diffusion 的模型需要使用大量圖片來訓練,這些用作訓練的圖片本身可能受版權保護,使用這些模型創作的圖片也可能會包含這些版權圖片的元素或特徵。

如果繪製的圖片與版權圖片非常相似,那麼可能會侵害原圖的「複製權」;若並不完全相似但仍然保留了原圖的基礎表達,則可能會侵害原圖的「改編權」;當然,如果生成的圖片與原圖差異很大,沒有明顯的相似之處,則一般認為沒有侵權,創作者享有新生成圖片的所有權,可以用於商業等目的。

每個模型都有不同的訓練數據,在選用模型之前,最好檢視它的發行說明,了解它所用的訓練數據以及注意事項。

也可以檢視 Stable Diffusion 的協定原文了解更多細節。

7.3 常用引數

7.2 節中已經介紹了如何在 Web UI 中繪圖,可以看到,Stable Diffusion 的基本用法很簡單,只需選擇合適的模型,然後輸入正向提示詞、反向提示詞即可。

不過,如果要得到更細緻的結果,就需要對各引數設定有所了解。下面就來介紹常用的引數。

引數設定面板如圖 7-12 所示。

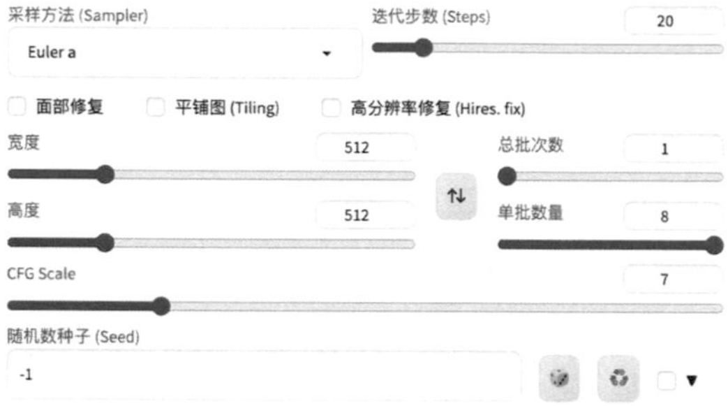

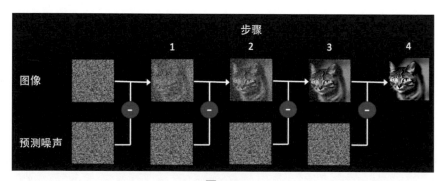

圖 7-12

下面將按照面板中各設定的位置，依次介紹各項引數。

7.3.1 取樣方法

為了生成影像，Stable Diffusion 會先在潛空間中生成一張隨機的噪聲圖，然後再對這張圖片多次去噪，最後得到一張正常的圖片，如圖 7-13 所示。這個去噪的過程被稱為取樣（sampling），而取樣方法（sampler）則是這個過程中使用的方法。

圖 7-13

引數面板左上角第一項即是取樣方法，目前的版本中，共有 Euler a、LMS、DPM2……UniPic 等 20 個方法，如圖 7-14 所示。

如此多的選擇，常常讓初學者困惑，這些取樣方法都是什麼意思？該如何選擇呢？下面就按不同的類別來看一看這些取樣方法各自的特點。

1·老式求解器

Euler、Henu、LMS 取樣方法比較簡單，是老式的常微分方程（ODE）求解器。

其中 Euler 是最簡單的求解器，Henu 比 Euler 更準確但是也更慢，LMS（Linear Multi-Step method，線性多步法）速度與 Euler 相同，但 LMS 號稱更準確。

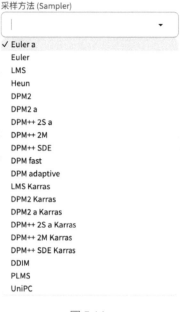

圖 7-14

2·祖先取樣方法

有一些取樣器的名字中帶有一個字母「a」，這表明它們是祖先取樣方法（ancestral sampler）。

祖先取樣方法屬於隨機取樣方法，它們會在每個取樣步驟中新增隨機噪聲，使結果具有一定的隨機性，從而探索不同的可能性。需要說明的是，還有一些其他方法也是隨機取樣，儘管它們的名字中沒有「a」。

使用祖先取樣方法可以透過較少的步驟產生多樣化的結果，但缺點是影像不會收斂，隨著疊代步數的增加，影像將不斷變化，生成的影像可能更嘈雜且不真實。而如果使用 Euler 等收斂取樣方法，一定步數之後影像的變化會逐漸變小，直到趨於穩定。

祖先取樣方法如下。

- Euler a。
- DPM2 a。
- DPM++ 2S a。
- DPM++ 2S a Karras。

3‧Karras 版本

帶有「Karras」字樣的取樣方法使用了泰羅‧卡拉斯（Tero Karras）等人的論文中推薦的噪聲規則，與預設的規則相比，Karras 的規則在開始時噪聲較多，在後期噪聲較少，據他們研究，這樣的規則可以提高影像品質。

相關的取樣方法如下。

- LMS Karras。
- DPM2 Karras。
- DPM2 a Karras。
- DPM++ 2S a Karras。
- DPM++ 2M Karras。
- DPM++ SDE Karras。

4‧DDIM 和 PLMS

DDIM（Denoising Diffusion Implicit Model，去噪擴散隱式模型）和 PLMS（Pseudo Linear Multi-Step method，偽線性多步法）是第一版 Stable Diffusion 中就附帶的取樣方法，其中 DDIM 是最早為擴散模型設計的取樣方法之一，PLMS 則比 DDIM 更新、更快。

目前，這兩個取樣方法基本已經過時，不再被廣泛使用。

5 · DPM 系列

DPM（Diffusion Probabilistic Model solver，擴散機率模型求解器）和 DPM++ 是為 2022 年釋出的擴散模型設計的新取樣器，它們代表了一系列具有相似架構的求解器。

DPM2 與 DPM 相似，只是它是二階的，更準確但是也更慢。

DPM++ 是對 DPM 的改進，它使用快速求解器來加速引導取樣。與 Euler、LMS、PLMS 和 DDIM 等其他取樣器相比，DPM++ 速度更快，可以用更少的步驟實現相同的效果。

DPM++ 2S a 是一種二階單步求解器，其中「2S」代表「Second-order Single-step」（二階單步），「a」表示它使用了祖先取樣方法。

DPM++ 2M 是一種二階多步求解器，其中「2M」代表「Second-order Multi-step」（二階多步），結果與 Euler 相似，它在速度和品質方面有很好的平衡，取樣時會參考更多步而不是僅當前步，所以品質更好，但實現起來也更複雜。

DPM fast 是 DPM 的一種快速實現版本，比其他方法收斂更快，但犧牲了一些品質。DPM fast 通常用於對速度有較高要求的批次處理任務，但可能不適用於對影像品質要求較高的任務。

DPM adaptive 方法可以根據輸入影像自適應實現一定程度的去噪所需的步數，但它可能會很慢，適合需要較多處理時間的大影像任務。

DPM++ SDE 和 DPM++ SDE Karras 使用隨機微分方程（SDE）求解器求解擴散過程，它們與祖先取樣方法一樣不收斂，隨著步數的變化，影像會出現明顯的波動。

6・UniPC

UniPC（Unified Predictor-Corrector）是 2023 年釋出的新取樣方法，是目前最快最新的取樣方法，可以在 5 ～ 10 步內實現高品質的影像生成。

7・k-diffusion

另外還有 k-diffusion，它是指凱薩琳・克勞森（Katherine Crowson）的 k-diffusion GitHub 庫和與之相關的取樣方法，即前面提到的泰羅・卡拉斯（Tero Karras）等人論文中研究的取樣方法。

基本上，除了 DDIM、PLMS 和 UniPC 之外的所有取樣方法都源自 k-diffusion。

8・速度

不同的取樣方法在速度上有所差別，表 7-2 所示是各取樣方法的渲染速度參考。

表 7-2

渲染速度	採樣方法
快	Euler a、Euler、LMS、DPM++ 2M、DPM fast、LMS Karras、DPM++ 2M Karras、DDIM、PLMS、UniPic
慢	Heun、DPM2、DPM2 a、DPM++ 2S a、DPM++ SDE、DPM2 Karras、DPM2 a Karras、DPM++ 2S a Karras、DPM++ SDE Karras
很慢	DPM adaptive

9・參考建議

那麼，應該使用哪種取樣方法呢？

大體上來說，以上所介紹的取樣方法各有特點，主要差異是在速度、品質、收斂性上有所不同。

在速度以及收斂性上，各取樣方法的評判標準是確定的，但對於圖

片渲染的品質則沒有統一的標準。有人認為帶有「Karras」的方法比不帶這個標籤的同名方法更好,但也有人認為二者並沒有明顯的差異。同時,一些取樣方法在照片等真實風格的影像上表現較好,另一些則在卡通漫畫等風格的影像上更具優勢。讀者可以在具體實踐中分別嘗試比較,以找到最合適的取樣方法。

如果要提供一些經驗上的建議,通常認為 DPM++ 系列取樣方法是大多數情況下較好的選擇。以下是一些更具體的建議,僅供參考。

如果時間有限,不想嘗試太多方案,可以選擇 Euler 或者 DPM++ 2M。

如果希望生成速度快且品質不錯,可以選擇 DPM++ 2M Karras 或者 UniPC。

如果希望得到高品質的影像,且不關心收斂性,可以選擇 DPM++ SDE Karras。

7.3.2 疊代步數

在取樣方法右側是疊代步數(Steps)引數的設定,如圖 7-15 所示。

圖 7-15

疊代步數是指在生成圖片時進行多少次擴散計算,每次疊代相當於對影像進行一次去噪。疊代的步數越多,花費的時間也越長。

疊代步數並不是越多越好,具體數字的選擇和取樣方法、引數設定等因素有關,一般在 20 ～ 50 次即可,太少可能會生成尚未完成的模糊的影像,太多則是一種浪費。

　　圖 7-16 展示了使用 DPM++ 2M Karras 取樣方法生成一張小狗圖片前 20 步疊代的結果。

　　可以看到，在前幾步疊代中，影像內容存在嚴重的問題，第 7 步開始內容基本正常了，但尚未收斂，到第 11 步時繪圖便已基本完成，後續的疊代中基本是在調整細節，影像的內容已經沒有大的變化。對這個例子來說，疊代 20 步已經足夠，後續疊代並不會提升影像的品質。

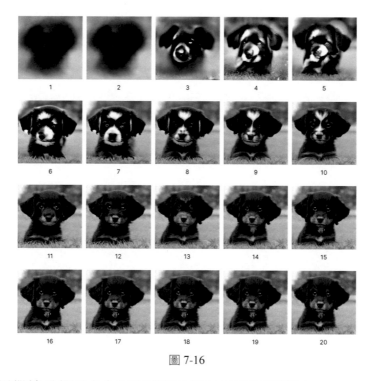

圖 7-16

　　如果繼續疊代下去會怎麼樣呢？圖 7-17 展示了第 20、30、40、50、100、150 次疊代的結果，可以看到，後續疊代中差異已經極小。當然，如果選擇了不收斂的取樣方法（如祖先取樣方法），則後續疊代中影像將會不斷隨機變化，而不會收斂到一個穩定的值，但這些變化只是隨機波動，並不會提升圖片的品質。

另外，其他引數也可能影響疊代步數的值。例如後面將要介紹的 CFG 引數，如果設定得較大，可能導致圖片模糊，此時可以透過增加疊代步數的方式生成更多細節。

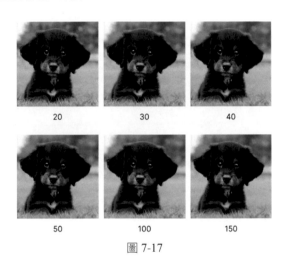

20　　　　30　　　　40

50　　　　100　　　　150

圖 7-17

7.3.3 面部修復

在取樣方法下面有三個核取方塊設定，分別是面部修復（Restore faces）、平鋪圖（Tiling）、高解析度修復（Hires.fix），如圖 7-18 所示。

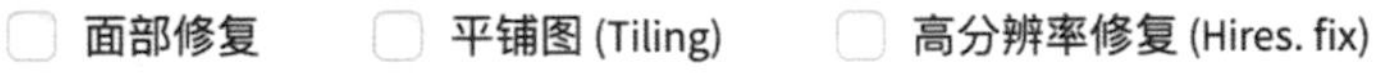

☐ 面部修复　　☐ 平铺图 (Tiling)　　☐ 高分辨率修复 (Hires. fix)

圖 7-18

其中「面部修復」使用了額外的模型，可用於修復人物面部的問題。在使用這個功能之前，需要先指定使用的面部修復模型，具體設定位於「設定」面板的「面部修復」頁面。目前有 CodeFormer、GFPGAN 兩個模型可供選擇，預設為 CodeFormer。下方的數值條可以控制 CoderFormer 的權重，設為 0 時效果最強。修改設定後，不要忘記單擊「儲存設定」按鈕，如圖 7-19 所示。

啟用面部修復可能會對最終產生的圖片帶來一些不可預知的影響，如果發現影響不是想要的，可以關閉這個選項，或者增加 CodeFormer 權重引數以降低影響。

圖 7-19

7.3.4 平鋪圖

「平鋪圖」用於生成可以無縫平鋪的圖案，可用於製作牆紙、印花圖案等。

圖 7-20 所示是一個例子，生成了一張可以平鋪的花卉的圖案。

圖 7-20

7.3.5 高解析度修復

「高解析度修復」功能可用於將生成的圖片放大為解析度更高的高畫質圖片。

Stable Diffusion 的原始解析度是 512 像素或 768 像素，這個尺寸對大部分實際應用場景來說都太小了，雖然可以在下方的寬度和高度引數中直接設定更大的尺寸，但那樣也可能帶來新的問題，因為偏離原始解析度可能會影響構圖並生成錯誤的內容，例如生成的人物有兩個頭等。這時，就可以先生成較小的正常尺寸的圖片，再使用「高解析度修復」(Hires.fix) 功能來放大圖片的尺寸。

勾選「高解析度修復」核取方塊，介面上會顯示更詳細的設定項，如圖 7-21 所示。

圖 7-21

1 · 放大演算法

首先，需要選擇「放大演算法」，目前共有 15 種放大演算法，如圖 7-22 所示。

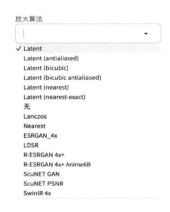

圖 7-22

其中 Lanczos、Nearest 演算法是較為傳統的演算法，僅根據影像的像素值進行數學運算來擴大畫面並填充新像素，效果一般，尤其當生成的影像本身就比較模糊時，這些演算法無法準確地填充缺失的訊息。

ESRGAN 4x 演算法傾向於保留精細的細節並產生清晰銳利的影像。

LDSR（Latent Diffusion Super Resolution）是一種潛在擴散模型，品質好但速度非常慢，一般不推薦。

R-ESRGAN 4x+ 是對 ESRGAN 4x 的增強，在處理逼真的照片類影像時表現最佳，如果要放大風格較為真實的影像，推薦使用這個演算法。R-ESRGAN 4x+ Anime6B 則是專為二次元影像優化過的演算法，處理二次元影像時效果較好。

當然，也可以直接使用預設的 Latent 演算法開始，多數情況下它的表現已經足夠好。如果對效果不太滿意，可再依次嘗試其他演算法，選擇更佳的方案。

2・疊代步數

「高分疊代步數」（Hires steps）是指放大影像時的取樣步數。預設為 0，表示與生成圖片時的步數相同，也可以修改為其他值。

該值對最終影像的影響很大，如果步數過多，可能會生成一些奇怪的效果，可以根據具體場景嘗試不同的值。

3・重繪幅度

「重繪幅度」（Denoising strength）也叫去噪強度，控制在執行放大取樣之前新增的噪聲強度。

對 Latent 系列的放大器來說，這個值在 0.5 ～ 0.8 效果較好，低於 0.5 可能會得到模糊的影像，數值太高則會使影像細節發生很大的變化。

4．放大倍數以及尺寸

「放大倍數」引數非常直觀，就是控制具體要將原圖放大多少倍。如果原圖尺寸是 512×512，將放大倍數設為 2 時，將得到 1024×1024 的新圖。

在放大倍數引數後面是設定寬度和高度的值，也可以調整這兩個值，直接指定新圖的尺寸。如果設定了具體的寬度和高度值，那麼放大倍數引數將失效。

以上就是關於「高解析度修復」（Hires.fix）功能的介紹，啟動此項功能之後，在生成圖片時會有兩個過程。第一個過程就是普通的圖片生成過程，第二個過程則是高解析度修復過程，如果一切順利，將得到一張指定解析度的新圖。

除此之外，也可以單擊頂部導航欄中的「後期處理」（Extras）標籤，在其中上傳並放大圖片。

7.3.6 寬度和高度

可以指定生成圖片的寬度和高度，如圖 7-23 所示。

圖 7-23

寬度和高度的預設值都是 512，範圍為 64 ～ 2048，可以輸入範圍內的任意值，但需要是 8 的倍數。圖片寬度和高度的數值越大，生成時所需要的時間和資源也越多。

另外，Stable Diffusion 最初是基於 256×256 大小的數據集訓練的，後來的潛在擴散模型（Laten diffusion model）使用了 512×512 的數據集

訓練，2.0 之後的版本則使用 768×768 的數據集訓練。因此，Stable Diffusion 在生成 512×512 大小的圖片時效果更好，2.0 之後的版本中將寬或者高至少一項設為 768 時效果更好。

　　如果希望生成解析度較高的圖，除了調整寬度和高度，也可以先生成一個尺寸較小的圖，然後使用「高解析度修復（Hires.fix）」等設定項或其他工具來放大圖片，以減少資源消耗。

7.3.7 批次生成

　　可以使用相同的提示詞以及引數來批次生成多張圖片，每張圖片都會有一定變化，不會雷同。在引數設定中有兩項與批次生成圖片有關，分別是「總批次數」和「單批數量」，如圖 7-24 所示。

圖 7-24

　　兩者的含義分別如下。

　　總批次數：一共執行多少次生成任務，預設值為 1，最大值為 100。

　　單批數量：每次任務生成多少張圖片，預設值為 1，最大值為 8。

　　其中生成圖片的總數為兩者相乘，即如果總批次數為 3，單批數量為 4，那麼總共生成的圖片數將是 3×4=12 張。

　　如果需要批次生成 4 張圖片，設定「總批次數為 4、單批數量為 1」和設定「總批次數為 1，單批數量為 4」效果是一樣的，但後者會更快一些，同時後者也需要更大的顯示記憶體支持。

　　批次生成時，隨機數種子引數（Seed）的值會不斷遞增，即第二張圖

的種子值是第一張圖的種子值 +1，第三張圖的種子值是第二張圖的種子值 +1，以此類推。這個特性可以保證批次生成的圖片產生變化，但又不至於變化太大。

7.3.8 CFG Scale

CFG Scale（Classifier Free Guidance scale）引數指定提示詞的權重影響，預設值為 7，如圖 7-25 所示。

圖 7-25

理論上，CFG 值越高，AI 就會越嚴格地按照提示詞進行創作，CFG 值越低，AI 會越傾向於自由發揮。如果 CFG 值為 1，AI 會幾乎完全自由地創作，而值高於 15 時，AI 的自由度將非常有限。

在 Web UI 中，CFG 值的範圍為 1 ～ 30，可以滿足絕大部分應用場景，不過如果透過終端使用 Stable Diffusion，則最高可以將 CFG 設為 999，還可以設為負值。當 CFG 的值為負數時，Stable Diffusion 將生成與提示詞相反的內容，類似使用反向提示詞。

當 CFG 值設定得較高時，輸出影像可能會變得模糊，細節丟失，此時，可以透過增加取樣疊代步數或者更改取樣方法來修復問題。

CFG=30, Step=20　　CFG=30, Step=30　　CFG=30, Step=40

圖 7-26

　　圖 7-26 演示了 CFG 值較高時，疊代步數（Step）對影像的影響。可以看到，疊代步數為 20 時，影像部分割槽域太亮，缺少細節，同時小狗似乎多了一隻前腳。疊代步數提高到 30、40 之後，影像細節就改善了很多。

　　CFG 值以及影響的參考如下。

- 1：基本上忽略提示詞。

- 3：參考提示詞，但更有創意。

- 7：在遵循提示詞和自由發揮之間的良好平衡。

- 15：更遵守提示詞。

- 30：嚴格按照提示詞操作。

　　多數情況下，CFG 的數值為 7 ～ 10 是一個較為合適的選擇。

7.3.9 隨機數種子

　　種子（Seed）在 Stable Diffusion 中是一個非常重要的概念，可以大致理解為圖片的特徵碼，如果想重複生成某張圖片，除了使用相同的提示詞、取樣方法、疊代步數等引數，種子也必須要保持一致。

　　隨機數種子的設定元件如圖 7-27 所示。

圖 7-27

　　預設情況下，隨機數種子顯示為 -1，表示每次都使用一個新的隨機數。控制元件旁邊的骰子按鈕（🎲）表示種子使用隨機值，單擊之後隨機數種子輸入框會顯示 -1。綠色循環箭頭按鈕（♻）則表示使用上一次生成影像的種子值，可用於重現結果。

在檢視生成的圖片時，可以發現圖片的檔案名可能類似「00072-3374807977.png」，其中前面的「00072」表示這是今天生成的第 73 張圖片（編號從 0 開始，第一張圖片是「00000」，第二張圖片是「00001」），後面的「3374807977」即是這張圖片的種子值。

可以在隨機數種子輸入框中輸入具體的種子值，例如「3374807977」，以便重新生成指定的圖片。

勾選隨機數種子設定項最右側的核取方塊，可以開啟擴展欄，如圖 7-28 所示。

圖 7-28

其中變異隨機種子（Variation seed）和變異強度（Variation strength）兩個值需要配合調整，調整這兩個值，可以生成介於兩張圖片中間的圖。其中變異強度的值範圍為 0 ～ 1，0 表示完全不變異，1 表示完全變異。

例如使用兩個隨機數分別獲得了兩張小狗的影像，如圖 7-29 和圖 7-30 所示。

圖 7-29 種子：3374807977　　圖 7-30 種子：3374807978

　　將「3374807977」和「3374807978」分別填入隨機數種子（Seed）和變異隨機種子（Variation seed）欄，然後調整變異強度的值從 0 逐步過渡到 1，便可以得到介於上面兩張圖片中間的新圖，如圖 7-31 所示。

　　需要注意的是，如果兩張圖差異過大，那麼中間的過渡圖片中可能會出現一些奇怪的內容。

　　從寬度／高度中調整種子是另一個實用功能。有時可能想調整一張圖片的尺寸，即使已經輸入了固定的種子值，但在 Stable Diffusion 中，調整尺寸也會讓圖片內容發生較大變化，這時，就可以使用從寬度／高度中調整種子的功能。

變異強度:0　　　　變異強度:0.33　　　　變異強度:0.66　　　　變異強度:1

圖 7-31

　　下面來看一個例子。

　　圖 7-32 所示為原圖，尺寸是 512×512，固定提示詞、種子等引數，將它的尺寸改為 512×768。如果直接修改尺寸，將得到圖 7-33 所示的結果，可以看到，圖片內容與原圖差別很大，不但小狗的毛色變了，連數量都發生了變化。

圖 7-32 原圖（512×512）

圖 7-33 未從寬度／高度中調整種子 (512×768)

此時，可以從寬度／高度中調整種子，將寬度和高度設為原圖的值，如圖 7-34 所示，隨後生成的圖片結果如圖 7-35 所示。可以看到，雖然小狗的模樣仍然發生了變化，但也保留了原圖中小狗的很多特徵，例如毛色。如果提示語對小狗的外貌描述得更詳細，甚至可以得到更好的效果。

随机数种子 (Seed)

3374807977

变异随机种子

-1

变异强度

0

从宽度中调整种子   512

从高度中调整种子   512

圖 7-34

圖 7-35 從寬度／高度中調整種子（512×768）

7.4　本章小結

　　本章介紹了如何在本地安裝 Stable Diffusion Web UI —— 一款專為 Stable Diffusion 打造的視覺化操作介面應用，本書關於 Stable Diffusion 的功能介紹基本都將基於這個應用。

　　接著介紹了 Stable Diffusion 的基本用法，使用 Stable Diffusion 畫圖很簡單，只需選擇模型，輸入提示詞描述想要的內容即可。另外，還可以新增反向提示詞，告訴 AI 畫面中不要出現什麼。

　　和 Midjourney 不同，Stable Diffusion 有很多引數設定項，本章仲介紹了各個常用的引數，包括取樣方法、疊代步數、CFG Scale、隨機數種子等引數的含義以及設定。可以先從各項引數的預設值開始，如果想更細緻地控制繪畫結果，那麼了解這些引數的作用將很有幫助。

　　透過本章的學習，讀者應該已經掌握了 Stable Diffusion 的基本用法，並能夠運用這一技術進行創作。

第 8 章
Stable Diffusion 創作範例

第 7 章介紹了 Stable Diffusion 的安裝以及基本用法，本章將繼續深入，介紹模型的基本概念以及提示詞的使用技巧。隨後將再透過幾個具體的例子展示 Stable Diffusion 的創作能力。

8.1　模型

在使用 Stable Diffusion 進行創作時，選擇合適的模型至關重要。模型能生成的影像元素及樣式取決於其訓練時所用的數據，因此，不同的模型在不同領域具有各自的優勢，例如有的模型擅長繪製逼真的人物，有的則擅長繪製動漫角色等。當然，也有一些全能型模型，能應對大多數常見主題的繪製，不過在已經確定了繪畫的主題或者風格的情況下，選擇專門針對該領域進行訓練或強化的模型往往能獲得更好的效果。

可以說，使用 Stable Diffusion 繪畫的第一步，就是選擇合適的模型。下面就來介紹模型的基礎知識。

8.1.1 基礎模型

Stable Diffusion 官方推出了幾款基礎模型，主要包括 v1.4、v1.5、v2.0、v2.1 等，這些模型有時也被稱為通用模型，其他自定義模型基本都是基於這些模型訓練的。

可以從 Hugging Face 或 Civitai 網站下載各種公開釋出的模型，例

如 Stable Diffusion v1.5 基礎模型的專案地址為 https://huggingface.co/run-wayml/stable-diffusion-v1-5，訪問這個頁面，單擊「Files and versions」標籤可切換到檔案下載頁面，如圖 8-1 所示。

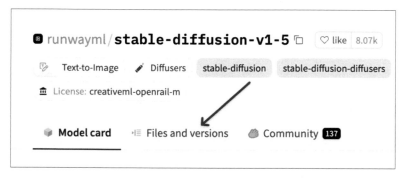

圖 8-1

在這個頁面可以看到模型專案的檔案列表，如圖 8-2 所示。

以「.ckpt」或「.safetensors」結尾的檔案即為模型檔案，這兩種格式在功能和用法上相同，其中「.ckpt」格式老舊一些，可能存在安全漏洞。如果同時提供了兩種格式，建議下載「.safetensors」格式的版本，例如下載「v1-5-pruned-emaonly.safetensors」檔案。

v1.4 及 v1.5 模型目前仍然很流行，剛開始學習 Stable Diffusion 可以從 v1.5 模型開始。v2.0 和 v2.1 模型中除了支持生成 512×512 解析度的影像，還支持生成 768×768 解析度的影像。

雖然 v2.0 和 v2.1 版本相比更新，但普遍認為它們的效果並沒有顯著提升，甚至一些場景下 v2.0 可能表現更差。v2.1 做了一些改進，不過目前 v1 仍是最受歡迎的版本，很多自定義模型都是基於 v1.4 或 v1.5 訓練的。

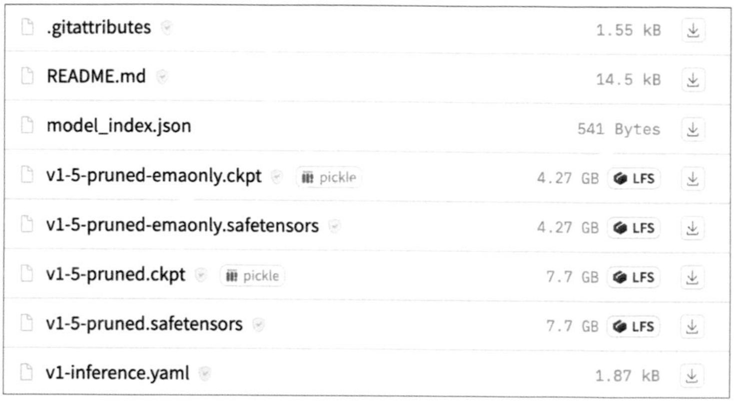

.gitattributes	1.55 kB	
README.md	14.5 kB	
model_index.json	541 Bytes	
v1-5-pruned-emaonly.ckpt pickle	4.27 GB LFS	
v1-5-pruned-emaonly.safetensors	4.27 GB LFS	
v1-5-pruned.ckpt pickle	7.7 GB LFS	
v1-5-pruned.safetensors	7.7 GB LFS	
v1-inference.yaml	1.87 kB	

圖 8-2

8.1.2 模型分類

模型按照內容以及作用，可以大致分為以下幾類。

1．大模型

大模型也叫底模型，字尾一般是 .ckpt 或 .safetensors，它包含生成影像所需的一切數據，可以單獨使用，同時尺寸較大，通常有幾 GB。前面提到的 Stable Diffusion v1.5 模型就是大模型，另外，也可以從 Hugging Face 或 Civitai 網站下載其他人釋出的各種風格的大模型。

下載大模型後，可將檔案放在 Web UI 安裝目錄下的「models/Stable-diffusion」檔案夾下。

2．LoRA 模型

LoRA（Low-Rank Adaptation）模型可以被認為是大模型的補丁，用於修改或優化影像的樣式，例如一些 LoRA 模型可以給影像新增細節；一些 LoRA 可以讓生成的圖片具有膠片拍攝的風格；還有一些可以給人物新增中式武俠風格等。

它們的尺寸通常為幾十 MB 至幾百 MB，需要和大模型一起使用，不能單獨使用。

下載 LoRA 模型後，可將檔案放在 Web UI 安裝目錄下的「models/Lora」檔案夾下。

3‧VAE 模型

VAE（Variational Autoencoder，變分自編碼器）模型字尾一般是 .pt，作用類似於影像濾鏡，可用於調整畫面風格，還能對內容進行微調。

部分大型模型自帶 VAE 功能，因此使用不合適的 VAE 可能會導致影像品質降低。

可將 VAE 的檔案放在 Web UI 安裝目錄下的「models/VAE」檔案夾下。

4‧Embedding 模型

Embedding 模型也稱為文字反轉（Textual inversions），用於定義新的提示詞關鍵字，通常尺寸為幾十 KB 到幾百 KB。例如用某個角色的圖片訓練了一個新的 Embedding 模型時，將它命名為 MyCharacter 並安裝，之後就可在提示詞中透過「MyCharacter」關鍵詞來引入這個角色。

Embedding 模型的檔案一般放在 Web UI 安裝目錄下的「embeddings」檔案夾下。

5‧Hypernetworks

Hypernetworks 模型字尾名一般是 .pt，通常尺寸為幾 MB 到幾百 MB，是新增到大模型的附加網路模型。

這類模型的檔案一般放在 Web UI 安裝目錄下的「models/hypernetworks」檔案夾下。

8.2　提示詞

Stable Diffusion 的核心功能是根據文字生成影像。在選定模型之後，關鍵是編寫合適的提示詞。提示詞是一段描述想要繪製的內容的文字，它將直接影響最終影像的內容和效果，因此，掌握提示詞的寫法對生成理想的影像非常重要。

8.2.1 提示詞的組成

提示詞可以包含以下內容。

✎ 主題（必須）：即圖片的內容，描述你想畫的具體是什麼事物。

✎ 媒體型別：指定圖片的形式，例如 photo（照片）、oil painting（油畫）、watercolor（水彩畫）等。

✎ 風格：以什麼樣的風格進行繪製，例如 hyperrealistic（超現實的）、pop-art（流行藝術）、modernist（現代派）、art nouveau（新藝術風格）等。

✎ 藝術家：可以指定一位藝術家的名字，讓 AI 以該藝術家的風格進行繪製。需要模型中有該藝術家的風格數據方可指定，例如 Picasso（比加索）、Vincent van Gogh（梵谷）等知名藝術家。

✎ 網站：以什麼網站的風格進行繪製，例如 pixiv（日本動漫風格）、pixabay（商業庫存照片風格）、artstation（現代插畫、幻想）等。

✎ 解析度：指定圖片的解析度，會影響圖片的渲染細節，例如 unreal engine（Unreal 遊戲引擎風格，可用於渲染非常逼真和詳細的 3D 圖片）、sharp focus（銳利對焦）、8k（提高解析度）、vray（虛擬實境，適合渲染 3D 的物體、景觀、建築等）等。

✐ 額外細節：為影像新增額外的細節，例如 dramatic（戲劇性，增強臉部的情緒表現力）、silk（使用絲綢服裝）、expansive（背景更大，主體更小）、low angle shot（從低角度拍攝）、god rays（陽光衝破雲層）、psychedelic（色彩鮮豔且有失真）等。

✐ 顏色：為影像新增額外的配色方案，例如 iridescent gold（閃亮的金色）、silver（銀色）、vintage（復古效果）等。

其中除了主題是必須，其餘部分都是可選的。

例如，如果想要繪製一張一隻貓站在書本上的圖片，可以這樣編寫提示詞：

a cat standing on a book

單擊 Web UI 上的「生成」按鈕，得到的圖片如圖 8-3 所示。

圖 8-3

如果想要把圖片變成油畫風格，只需在提示詞中新增相關的關鍵詞即可，此時關鍵詞如下，注意其中加粗的部分：

a cat standing on a book, **oil painting**

單擊「生成」按鈕，得到的圖片如圖 8-4 所示。

儘管圖片的效果還不是很好，但重點是我們透過關鍵詞的確把圖片變成了油畫風格。

還可以進一步，例如模擬梵谷的風格，將關鍵詞修改如下，注意其中加粗的部分：

a cat standing on a book, oil painting, **Vincent van Gogh**

圖 8-4

單擊「生成」按鈕，得到的圖片如圖 8-5 所示。

可以看到，畫面的筆觸的確呈現出了梵谷的風格。

還可以繼續新增關鍵詞，生成其他風格的圖片。

8.2.2 權重

圖 8-5

提示詞的各個關鍵詞可以調整權重，使用小括號包裹的關鍵詞權重會增加，使用中括號包裹的關鍵詞權重則減少。

具體規則如下。

1・增加權重

如果要增加某個關鍵詞的權重，可以使用半形小括號將它包裹起來，例如「（關鍵詞）」。

預設情況下，小括號包裹起來的關鍵詞的權重會增加 10%，即變為原來的 1.1 倍。還可以直接在括號末尾新增一個數字以指定權重。

表 8-1 所示為一些具體的範例。

表 8-1

示例	說明
（關鍵詞）	權重為1.1
（關鍵詞：1.1）	權重為1.1，與上一條示例效果相同
（關鍵詞：1.5）	權重為1.5
（（關鍵詞））	權重為1.1×1.1=1.21
（（（關鍵詞）））	權重為1.1×1.1×1.1=1.331

2・減少權重

如果要減少某個關鍵詞的權重，可以使用半形中括號將它包裹起來，例如「[關鍵詞]」。

預設情況下，中括號包裹起來的關鍵詞的權重會減少 10%，即變為原來的 90%。減少權重與增加權重語法類似，如表 8-2 所示。

表 8-2

示例	說明
[關鍵詞]	權重為0.9
[關鍵詞：0.9]	權重為0.9，與上一條示例效果相同
[關鍵詞：0.5]	權重為0.5
[[關鍵詞]]	權重為0.9×0.9=0.81
[[[關鍵詞]]]	權重為0.9×0.9×0.9=0.729

3・範例

下面來看一個例子，如果想生成一張有貓和花的照片，提示詞如下：

A cat, flower, photo

得到的圖片如圖 8-6 所示。

圖 8-6

如果希望增加花的比重，那麼就可以在提示詞中增加花的權重，同時保持其他設定以及隨機數種子不變。新的提示詞如下：

A cat, (flower：1.2), photo

得到的新圖如圖 8-7 所示。

圖 8-7

可以看到，花在畫面中的比重增加了。

8.2.3 漸變

提示詞支持一種叫做「漸變」的語法，可以在繪製影像時將一個元素漸變為另一個元素。具體語法為 [關鍵詞 1：關鍵詞 2：因子]。

其中因子是一個 0 ～ 1 的數字，例如 0.5，這個數字表示「關鍵詞 1」所占的比重，數字越小最終的結果越偏向「關鍵詞 1」，數字越大最終的結果越偏向「關鍵詞 2」。

用這個方法，可以生成一張同時具有兩個人外貌特徵的面孔，例如「[名人 1：名人 2：0.5]」將生成一張新的面孔，相貌介於名人 1 和名人 2 之間，當然，需要所使用的模型中有這兩位名人的數據。

甚至還可以這樣寫：[老人：名人：0.5]，即前一個關鍵詞只是泛稱，

例如「old man」，模型將自動生成一個老年男子的相貌，但後一個關鍵詞是具體的人名，例如「Albert Einstein」（阿爾伯特‧愛因斯坦），模型會將前面生成的相貌向指定的名人的相貌漸變。

圖 8-8 ～圖 8-10 是一個具體的例子，可以看到，從左到右，隨著漸變因子的值從 0.75 下降到 0.25，第二個關鍵詞「Albert Einstein」的權重也越來越高，影像中人物的相貌也越接近 Albert Einstein。

 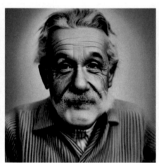 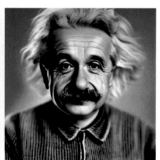

[old man:Albert Einstein:0.75]　　　[old man:Albert Einstein:0.5]　　　[old man:Albert Einstein:0.25]

圖 8-8　　　　　　　　　　　　圖 8-9　　　　　　　　　　　　圖 8-10

8.2.4 使用 LoRA

在提示詞中使用 LoRA 模型來調整生成影像的內容或風格時，使用 LoRA 的語法為 <lora：檔案名：權重 >。其中「檔案名」即是 LoRA 模型檔案的名字，不包含副檔名；權重是一個不小於 0 的數字，預設值為 1，設為 0 表示不使用該 LoRA，也可以設為比 1 大的數字來表示更大的權重，不過權重過大時可能會對畫面造成反效果，使用者可根據自己的需求以及具體 LoRA 的表現來調整權重值以獲得最佳效果。也可以同時使用多個 LoRA，它們的效果將會疊加。

一些 LoRA 只需在提示詞中包含 <lora：檔案名：權重 > 語法即可，也有一些 LoRA 帶有觸發詞，除了 LoRA 呼叫語法外還必須在提示詞中

包含指定的觸發詞方能生效。在 LoRA 的下載頁面或者描述檔案中一般可以看到關於觸發詞的說明。

即使記不住已安裝的 LoRA 的檔案名也沒關係,只需單擊介面右上角「生成」按鈕下方的「顯示／隱藏額外網路」(Show/hide extra networks) 按鈕,在提示詞下方就可以顯示或隱藏額外網路面板,單擊其中的「Lora」選項卡,即可看到當前所有安裝的 LoRA,如圖 8-11 所示。

圖 8-11

在這個介面,單擊一個 LoRA 卡片,即可在提示詞輸入框自動新增對該 LoRA 的引用。例如「<lora:add_detail:1>」,表示使用「add_detail」這個 LoRA,權重為 1。之後可以根據需要手動調整權重值數字。

當使用基礎模型總是得不到理想效果時,不妨試一試各種 LoRA,合適的 LoRA 可能會給影像效果帶來驚人的提升。

8.3　創作流程

下面將透過一個具體的例子演示在 Stable Diffusion 中的基本的創作流程。

8.3.1 生成影像

如果要生成一個女孩正在圖書館讀書的圖片，可以使用以下模型以及設定進行繪製。

模型：Reliberate

取樣方法：DPM++ 2M Karras

疊代步數：25

提示詞：a girl, setting in a library, reading a book, smile

反向提示詞：disfigured, ugly, bad, immature, cartoon, anime, 3d, painting, b&w

其中提示詞描述了想要生成的內容：一個女孩，坐在圖書館中，正在讀書，微笑。同時，為了避免生成的影像品質太差，或者可能生成我們不想要的風格，還可以新增反向提示詞，各關鍵詞的含義為：disfigured（毀容的），ugly（醜陋的），bad（不好的），immature（不成熟的），cartoon（卡通），anime（動畫），3d（3D），painting（繪畫），b&w（黑白）。

使用者可以根據自己的需求新增反向提示詞，此處由於想要生成的圖片更像照片，在反向提示詞中新增了 cartoon、anime、3d、painting 等詞，但如果想要生成卡通網格的圖片，則需要去掉這些詞。

生成的圖片如圖 8-12 和圖 8-13 所示。

在圖 8-13 中，小女孩的手指有一些問題，這是 AI 繪畫目前的通病，常常無法正確處理人物的手指。解決方法通常有下面幾個。

- 避免畫面中出現手指，例如只繪製半身像，或者讓人物將手背在身後等。

- 在反向關鍵詞中新增「bad hand」（糟糕的手部）、「extra fingers」（額外的手指）等關鍵詞，但有時即使加了這些詞仍然可能會生成錯誤的手部。

圖 8-12

- 多次生成影像，直到生成沒有明顯問題的版本。

- 使用 Web UI 的「區域性重繪」功能，重繪手指部分。

- 將圖片匯出到 Photoshop 等外部軟體，手動修改。

下面將著重介紹如何使用「區域性重繪」功能來對手部等細節進行調整。

圖 8-13

8.3.2 細節調整

有時生成的影像在整體上非常符合期望，但在一些細節上存在問題，如果重新生成新圖，雖然那些問題可能會因為隨機變化而消失，但也可能會產生新的細節問題，甚至可能新圖的整體效果還不如之前。此時，就可以考慮使用「區域性重繪」功能來調整修復影像中有問題的部分。

在 Web UI 的「文生圖」介面，生成影像之後，單擊影像預覽面板下方的「>> 重繪」按鈕，即可將當前選中的影像發送到「圖生圖」介面的重繪面板，如圖 8-14 所示。

當然，也可以直接單擊「圖生圖」介面，再單擊選中「區域性重繪」選項卡，上傳需要修改的圖片。

圖 8-14

在「區域性重繪」面板，可以使用滑鼠將需要重繪的部分塗黑，如圖 8-15 所示底部紅框中的部分。

影像下方還有很多引數項，可以根據需要調整，也可以保持預設。

圖 8-15

不過，「區域性重繪」具有隨機性，並不能保證一定獲得期望的效果，有時甚至還會得到更糟的影像，可能需要多試幾次才能得到理想的結果。圖 8-16 和圖 8-17 所示是原圖與區域性重繪後的圖的對比。

圖 8-16 原圖

圖 8-17 區域性重繪後的圖

8.3.3 其他調整

當前使用的模型 Reliberate 在畫人時會預設使用歐美白人的相貌，那麼如何繪製其他種族的人呢？我們只需在提示詞中新增一個「Asian」（亞洲人），即可將人物變成亞洲人的長相。

提示詞：a girl, Asian, setting in a library, reading a book, smile

反向提示詞：disfigured, ugly, bad, immature, cartoon, anime, 3d, painting, b&w, bad hand, extra fingers

保持與剛才相同的隨機數種子（seed），單擊「生成」按鈕，得到的圖片如圖 8-18 所示。

圖 8-18

可以看到，影像中的場景和之前很相似，但人物變成了一位亞洲女孩。另外，新圖中人物的手指仍然有問題，需要繼續調整，具體操作此處不再贅述。

以上就是在 Stable Diffusion 中繪製圖片的常見流程。有時可以直接得到完美的影像，有時則需要反覆調整才能得到滿意的結果。

8.4 人物肖像

Stable Diffusion 有很多擅長繪製人物肖像的第三方模型，下面將介紹肖像畫繪製。

8.4.1 範例 1：年輕女子 1

模型：Reliberate

提示詞：A close up portrait of young woman looking at camera, long haircut, bangs, slim body, dark theme, soothing tones, muted colors, high contrast, （natural skin texture, hyperrealism, soft light, sharp）, （（（perfect face）））, grunge clothes, Sony a7ii

反向提示詞：nsfw, disfigured, ugly, bad, immature, cartoon, anime, 3d, painting, b&w, bad anatomy, wrong anatomy, （（bad hand））, （（extra fingers））

生成的圖片如圖 8-19 和圖 8-20 所示。

圖 8-19　　　　　　　　　圖 8-20

8.4.2 範例 2：年輕女子 2

　　這個例子與範例 1 的提示詞以及反向提示詞完全一樣，唯一不同的
是模型換成了 majicMIX realistic，生成的圖片如圖 8-21 和圖 8-22 所示。

圖 8-21　　　　　　　　　圖 8-22

　　可以看到，即使提示詞以及所有引數都相同，只要模型不一樣，生
成的影像內容及風格就會不同。由於訓練素材的差異，範例 1 使用的模
型 Reliberate 預設生成歐美面孔，而 majicMIX realistic 則預設生成亞洲
面孔。

8.5　動漫風格

　　Stable Diffusion 也有大量的動漫風格模型，無論是日本動漫風格還是迪士尼 3D 動畫風格，使用這些模型都可以輕鬆生成。

8.5.1 範例 1：紅髮少年

　　模型：MeinaMix

　　提示詞：1boy, portrait, pompadour hair, red hair, little smile, yellow eye, black jacket, medieval, village burning at night

　　反向提示詞：EasyNegativeV2

　　取樣方法：DPM++ SDE Karras

　　生成的圖片如圖 8-23 和圖 8-24 所示。

圖 8-23　　　　　　　　　　　　　　　　圖 8-24

8.5.2 範例 2：紫髮少女

　　模型：GhostMix

　　提示詞：(masterpiece, top quality, best quality, official art, beautiful and aesthetic：1.2），（fractal art：1.3），1girl，beautiful, high detailed, purple hair with a hint of pink, pink eyes, dark lighting, serious face, looking the sky, sky, medium shot, black sweater, jewelry

反向提示詞：badhandv4, easynegative, ng_deepnegative_v1_75t, semi-realistic, sketch, duplicate, ugly, huge eyes, text, logo, worst face, （bad and mutated hands：1.3），（worst quality：2.0），（low quality：2.0），（blurry：2.0），horror, （（geometry）），bad_prompt, （bad hands），（missing fingers），multiple limbs, bad anatomy, （interlocked fingers：1.2），Ugly Fingers, （extra digit and hands and fingers and legs and arms：1.4），（（2girl）），（deformed fingers：1.2），（long fingers：1.2），（bad-artist-anime），bad-artist, bad hand, extra legs, furry, animal_ear, nsfw

取樣方法：DPM++ 2M Karras

這裡為了避免生成不合適的圖片，在反向提示詞中新增了關鍵詞「nsfw」（Not Safe/Suitable For Work）。

生成的圖片如圖 8-25 和圖 8-26 所示。

圖 8-25

圖 8-26

8.5.3 範例 3：迪士尼 3D 風格

模型：Disney Pixar Cartoon Type A

提示詞：1girl, holding a camera, bangs, beach, blue_sky, blush, bow, checkered, checkered_shirt, checkered_skirt, cloud, cloudy_sky, grass, hair_bow, heart, holding, holding_letter, horizon, masterpiece, high quality best quality, leaning_forward, lens_flare, light_rays, long_hair, looking_at_viewer, mountain, mountainous_horizon, ocean, outdoors, plaid, plaid_background, plaid_bow, plaid_bowtie, plaid_dress, plaid_headwear, plaid_jacket, plaid_legwear, plaid_necktie, plaid_neckwear, plaid_panties, plaid_pants, plaid_ribbon, plaid_scarf, plaid_shirt, plaid_skirt, plaid_vest, pov, shirt, skirt, sky, smile, solo, sun, sunbeam, sunlight, tree, unmoving_pattern

反向提示詞：EasyNegative, bad-hands-5, badhandv4, drawn by bad-artist, sketch by bad-artist-anime, (bad_prompt：0.8), (artist name, signature, watermark：1.4), (ugly：1.2), (worst quality, poor details：1.4), blurry

取樣方法：Euler a

生成的圖片如圖 8-27 和圖 8-28 所示。

圖 8-27

圖 8-28

8.6 幻想風格

幻想風格（Fantasy style）是指一種描繪虛構世界、神祕生物、奇幻景象或超自然現象的藝術風格，通常出現在奇幻文學、電影、遊戲和藝術作品中。

在 Stable Diffusion 中，可以盡情發揮想像力，生成各種幻想風格的圖片。

8.6.1 範例 1：女神

模型：GhostMix

提示詞：(masterpiece, top quality, best quality, official art, beautiful and aesthetic：1.2), (1girl), extreme detailed, (fractal art：1.3), colorful, highest detailed

反向提示詞：(worst quality, low quality：2), monochrome, zombie, overexposure, watermark, text, bad anatomy, bad hand, extra hands, extra fingers, too many fingers, fused fingers, bad arm, distorted arm, extra arms, fused arms, extra legs, missing leg, disembodied leg, detached arm, liquid hand, inverted hand, disembodied limb, loli, oversized head, extra body, completely nude, extra navel, easynegative, (hair between eyes), sketch, duplicate, ugly, huge eyes, text, logo, worst face, (bad and mutated hands：1.3), (blurry：2.0), horror, geometry, bad_prompt, (bad hands), (missing fingers), multiple limbs, bad anatomy, (interlocked fingers：1.2), Ugly Fingers, (extra digit and hands and fingers and legs and arms：1.4), ((2girl)), (deformed fingers：1.2), (long fingers：1.2), (bad-artist-anime), bad-artist, bad hand, extra legs, (ng_deepnegative_v1_75t), nsfw

取樣方法：DPM++ 2M Karras

生成的圖片如圖 8-29 和圖 8-30 所示。

圖 8-29

圖 8-30

8.6.2 範例 2：天使

模型：GhostMix

提示詞：(masterpiece, top quality, best quality, official art, beautiful and aesthetic：1. 2), (fractal art：1. 3), (1girl), angel, very long hair, absurdly detailed clothes, in the sky, detailed cloud, sunny day, (colorful：1. 2), highest detailed, cinematic light, (magical portal), holy light, (golden particles), (light beams)

反向提示詞：(worst quality, low quality：2), watermark, (text), bad anatomy, ((bad hand)), extra hands, extra fingers, fused fingers, bad arm, extra arms, fused arms, extra legs, missing leg, liquid hand, inverted hand, disembodied limb, oversized head, extra body, completely nude, (hair between eyes), duplicate, huge eyes, logo, worst face, (bad and mutated hands：1. 3), (missing fingers), (interlocked fingers：1. 2),

（Ugly Fingers），（deformed fingers：1.2），（long fingers：1.2），easynegative, ng_deepnegative_v1_75t

取樣方法：DPM++ 2M Karras

生成的圖片如圖 8-31 和圖 8-32 所示。

圖 8-31　　　　　　　　　　　圖 8-32

8.6.3 範例 3：惡魔

模型：majicMIX realistic

提示詞：（Masterpiece, Top Quality, Best Quality, Official Art, Aesthetics ：1.2），（A Girl ：1.3），from behind, bust, red and black clothes，（Fractal Art ：1.3），Movie Light，（Hell Building），Death Light，（（red Particles）：1.2），Demon, Moon, clouds, Bright Moonlight Skull, Very long hair, clothes with ridiculous Details, Whirlwinds, <lora：more_details：0.5>

反向提示詞：（worst quality, low quality：1.4），easynegative, nsfw

取樣方法：DPM++ 2M Karras

　　此處，提示詞中的 <lora：more_details：0.5> 表明使用了 LoRA，模型為 more_details，權重為 0.5。

　　生成的圖片如圖 8-33 和圖 8-34 所示。

圖 8-33　　　　　　　　　　　　　圖 8-34

8.7　本章小結

　　模型、提示詞是 Stable Diffusion 創作的核心，對結果影像有著舉足輕重的影響，多數情況下，繪製影像的第一步就是確定使用哪個模型。模型分為大模型、LoRA 模型等幾類，其中大模型可以單獨使用，LoRA 模型等則需要與大模型配合使用。

　　提示詞描述了影像的內容，可以增加或減少某個關鍵詞的權重，還可以讓兩個關鍵詞在疊代過程中交替出現，用於融合兩個不同人物的相貌等場景。

　　本章還展示了幾個具體的創作範例，透過這些例子，讀者應該對 Stable Diffusion 能畫什麼以及怎麼畫有一個基本的了解。限於篇幅，本章

只舉了有限的幾個例子，事實上只要使用合適的模型以及提示詞，Stable Diffusion 幾乎可以生成任何風格和型別的影像。在 Civitai 等網站上有很多來自世界各地的創作者分享他們的作品，在這些站點可以看到更多的範例，學習更多的技巧。

第 9 章
Stable Diffusion 進階用法

透過上一章的學習，讀者應該已經了解了如何使用 Stable Diffusion 進行繪畫，藉助合適的模型和恰當的提示詞，可以繪製出任意風格和主題的影像。

然而，使用者可能還希望做更多的事，例如如何重現之前的作品，如何對已有影像進行小幅修改，或者如何指定畫面人物的姿勢，等等。這些需求可以實現嗎？答案是肯定的。

本章將繼續深入，進一步介紹 Stable Diffusion 的高級功能。這些功能可以幫助創作者更好地完成想要表達的內容，在創作中獲得更多的自由。

9.1　獲取圖片提示詞

在想要重繪某張圖片，但是忘記了或者不知道相應的提示詞時，該怎麼辦呢？不必擔心，Stable Diffusion 提供了工具，可以從圖片中讀取或者反推提示詞。

下面介紹具體的操作方法。

9.1.1 使用 Stable Diffusion 生成的圖片

如果想要重繪的影像本身就是使用 Stable Diffusion 生成的，那麼操作將會很簡單，因為 Stable Diffusion 在繪製影像時會將相關的訊息儲存在圖片檔案的元訊息中，這些訊息可以在 Web UI 中再次讀取。

例如，圖 9-1 所示是一張由 Stable Diffusion 生成的圖片，如果想知道生成它時使用的提示詞以及引數，只需在 Web UI 中開啟「PNG 圖片訊息」面板，將這張圖片上傳上去，即可在右側看見它的生成訊息，如圖 9-2 所示。

圖 9-1

透過這種方式，可以很方便地檢視圖片的提示詞。除此之外，甚至還可以看到圖片生成時使用的反向提示詞、疊代步數、取樣方法、CFG、隨機數種子、尺寸、模型等訊息。

不過，Web UI 中的這個工具只是簡單地從 PNG 圖片的元訊息中讀取之前儲存的引數訊息，而並非透過分析影像的內容來獲得相關訊息，因此，如果對應的圖片不是由 Stable Diffusion 生成的，或者雖然是由 Stable Diffusion 生成的，但是經過了壓縮或者修改丟失了元訊息，那麼就無法使用這個功能。在這種情況下，需要將它當作普通圖片，使用下面介紹的方法。

圖 9-2

9.1.2 其他圖片

在 Web UI 的「圖生圖」介面提示詞輸入框旁邊有兩個按鈕，分別為「CLIP 反推提示詞」和「DeepBooru 反推提示詞」，如圖 9-3 所示，這兩個按鈕的功能都是從圖片中反推提示詞。

圖 9-3

要使用這個功能，只需在「圖生圖」面板上傳需要分析的圖片，隨後單擊「反推提示詞」按鈕即可。

下面來看一個例子，在「圖生圖」面板上傳名畫〈蒙娜麗莎〉，如圖 9-4 所示。

上傳之後，單擊「CLIP 反推提示詞」按鈕，稍等片刻（首次使用時需要從網路下載模型，可能耗時較長）即可得到類似下面的提示詞：

a painting of a woman with long hair and a smile on her face, with a green background and a blue sky, Fra Bartolomeo, a painting, academic art, da Vinci

（翻譯：一幅長頭髮的女人的畫，臉上帶著微笑，綠色的背景和藍天，Fra Bartolomeo，一幅畫，學術藝術，達文西）

可以看到，它的確反推出了對〈蒙娜麗莎〉影像內容的描述，甚至還識別出了作者可能是達文西（da Vinci）。當然，也有一些不足，描述有點過於簡單，甚至還犯了一些錯誤，例如提到了另一位不相關畫家 Fra Bartolomeo 的名字。

再試試單擊「DeepBooru 反推提示詞」按鈕，得到類似下面的提示詞：

1girl, bound, dress, lying, on_back, realistic, solo, space, star_\(sky\), starry_sky

（翻譯：一個女孩，束縛，連衣裙，躺著，仰臥，逼真，獨奏，太空，星空，星空）

可以看到，DeepBooru 的輸出以簡短的關鍵詞為主，準確性上似乎不是很高。

使用這兩個按鈕，可以從任意影像中反推提示詞。然而，現階段這兩個反推功能並

圖 9-4

不完全可靠，可能會遺漏訊息，或者對某些元素產生誤判，因此，在技術進一步突破之前，反推得到的結果通常只能作為參考，使用前還需仔細檢查。

9.2　影像擴展

影像擴展是一個有趣的功能，可以讓 AI 將現有影像擴大，它並不是指尺寸的等比例放大，而是讓 AI 透過演算法，在現有影像的邊緣補充內容，從而擴展影像的邊界。

仍然以圖 9-1 為例，在「圖生圖」介面上傳這張圖片，單擊選擇合適的模型，填入對應的提示詞、反向提示詞等訊息。

如果忘記了或者不知道提示詞，可參考 9.1 節的內容獲取圖片的提示詞。

影像擴展和繪製圖片一樣，受模型、提示詞的影響很大，因此需要

選擇風格盡可能接近的模型，同時填寫盡可能準確的提示詞。

可以擴展任何影像，不過要獲得最佳效果，最好是擴展由 Stable Diffusion 生成的圖片，並且模型、提示詞、取樣演算法等引數也與圖片生成時保持一致。

設定好基本訊息後，下拉頁面，在引數設定的最下方單擊「指令碼」下拉框，可以看到幾個可選的指令碼，如圖 9-5 所示。

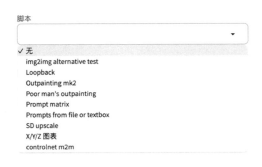

圖 9-5

選項中的「Outpainting mk2」「Poor man's outpainting」兩項都可用於影像擴展，效果略有不同，使用者可以分別嘗試來選擇合適的指令碼。

這裡，我們選擇「Poor man's outpainting」指令碼，此時下方會出現更多相關引數，如圖 9-6 所示。

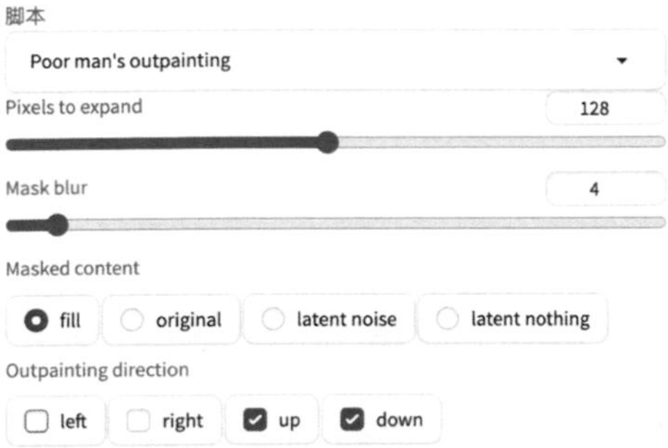

圖 9-6

接下來選擇想要擴展的方向。本例準備向上、下兩個方向擴展，因此只勾選了「up」、「down」核取方塊，使用者可以根據需要勾選想要的擴展方向。

單擊「生成」按鈕，Stable Diffusion 就會開始擴展圖片，等待一會兒，就能看見擴展結果。原圖和擴展後的圖的對比如圖9-7和圖9-8所示。

圖 9-7 原圖

圖 9-8 擴展後的圖

可以看到，圖片的上方、下方都增加了新的內容，且與原圖完美銜接。

如果想繼續擴展，只需單擊影像預覽面板下方的「>> 圖生圖」按鈕，將剛擴展得到的新圖片重新發送到圖生圖功能模組中，然後再次單擊「生成」按鈕即可。可以一直重複這個步驟，直到將圖片擴展到想要的大小。

如果某次擴展的結果不夠理想，可以修改隨機數種子，或者確保隨機數種子的值為 -1，然後再多試幾次。

9.3 區域性重繪

在第 8 章 8.3 節演示過一個區域性重繪的例子 —— 重繪正在讀書的小女孩的手部。具體做法是在「圖生圖」面板上傳影像，將有問題的部分（如手部）塗黑並重新生成。但區域性重繪功能還不止這些，在區域性重繪時還可以改變一些關鍵詞，生成不一樣的圖。

下面是一個例子。

圖 9-9 是一個動漫角色形象，他有一頭火紅色的頭髮，使用以下提示詞生成：

1boy, portrait, pompadour hair, red hair, little smile, yellow eye, black jacket, medieval, village burning at night

圖 9-9 原圖：紅色頭髮

如果想把他的頭髮改成藍色，但畫面其餘地方不變，就可以使用圖生圖中的區域性重繪功能。

首先在「圖生圖」面板中將圖片匯入，將頭髮部分塗黑，如圖 9-10 紅線所示的地方。

圖 9-10 將頭髮部分塗黑

接下來再將提示詞修改為：

1boy, portrait, pompadour hair, blue hair, little smile, yellow eye, black jacket, medieval, village burning at night

即將原本的「red hair」（紅色頭髮）改為「blue hair」（藍色頭髮）。然後單擊「生成」按鈕，結果如圖 9-11 所示。

圖 9-11 新圖：藍色頭髮

可以看到，圖片的其他地方沒有變化，但角色頭髮的顏色已被改成了藍色，且與圖片其餘地方完美融合。

　　區域性重繪是一個非常實用的功能，無論是生成新圖還是擴展現有影像，當畫面整體不錯只是區域性有些瑕疵時，就可以考慮使用區域性重繪來對細節進行調整。

9.4　姿勢控制

　　使用 Stable Diffusion 創作一段時間後，可能會發現想精確控制影像中人物的姿勢似乎不太容易，畢竟文字的表現力有限，一些姿勢很難用提示詞精確描述，或者即使描述了 AI 也不能完全理解。那麼，有辦法讓生成的人物擺出指定的姿勢嗎？答案是肯定的。藉助 ControlNet，可以生成任何想要的人物姿勢。

9.4.1 什麼是 ControlNet

　　ControlNet 是 Stable Diffusion 的一個擴展，它帶來了很多強大的功能，例如讓創作者可以精確地控制人物角色的姿勢、將線稿轉為其他型別的影像等。

9.4.2 安裝 ControlNet

　　01　ControlNet 和其他擴展一樣，可在 Web UI 介面單擊頂部的「擴展」標籤頁，進入「擴展」介面進行安裝。

　　「擴展」介面有幾個子標籤，分別為「已安裝」「可下載」「從網址安裝」「Backup/Restore」（備份／恢復）。可以在「可下載」面板獲取所有可下載的擴展列表，從中找到 ControlNet 並單擊「安裝」按鈕。也可以在「從網址安裝」面板直接輸入 ControlNet 的倉庫地址「https://github.com/

Mikubill/sd-webui-controlnet」，隨後單擊下方的「安裝」按鈕進行安裝，如圖 9-12 所示。

　　稍等片刻，就可以看到安裝成功的提示。如果遇到網路錯誤，可以在瀏覽器手動訪問 ControlNet 倉庫的地址，將整個倉庫下載下來，解壓，放到 Stable Diffusion Web UI 安裝目錄下的 extensions 檔案夾內。

　　02　此時還只安裝了 ControlNet 的指令碼檔案，要真正使用它，還需要下載對應的模型檔案。

圖 9-12

　　訪問位於 Hugging Face 網站上的 ControlNet 的模型頁面，下載模型檔案（以 .pth 結尾的檔案），並將檔案放到 Stable Diffusion Web UI 安裝目錄下的「extensions/sd-webui-controlnet/models」檔案夾內即可。

　　ControlNet 有很多模型檔案，用途各不相同，但體積都比較大，可以全部下載，也可以先下載需要的模型，例如最常用的 OpenPose 和 Canny 等模型。

　　03　隨後，重啟 Web UI，再重新整理 Web UI 介面，如果在文生圖介面的引數設定部分看到一個新的 ControlNet 設定項，如圖 9-13 所示，就表示安裝成功了。

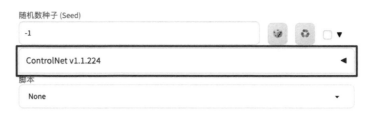

圖 9-13

9.4.3 OpenPose

OpenPose 是一個開源的用於控制生成影像中人物姿勢的 ControlNet 模型。接下來以 OpenPose 為例，演示 ControlNet 的基本用法。

01　單擊文生圖引數設定介面 ControlNet 元件最右側的箭頭，可以展開 ControlNet 的設定項，如圖 9-14 所示。

圖 9-14

02　可以在這個介面上傳一張包含期望的人物姿勢的圖片作為參考圖，勾選「Allow Preview」（允許預覽）核取方塊，在下方的「前處理器」

251

下拉選單中選擇「openpose」選項，再單擊旁邊的爆炸圖示（💥）按鈕。
之後將在剛剛上傳的圖片旁邊看見一個黑色背景的骨架圖，如圖 9-15
所示。

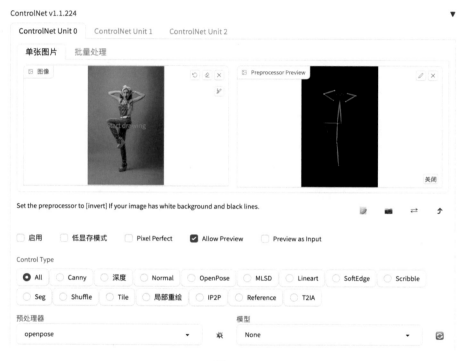

圖 9-15

參考圖與骨架圖的對比如圖 9-16 和圖 9-17 所示。

可以看到，骨架圖已經基本自動識別出人物的肢體姿勢了。如果識
別有誤，也可以繼續在 OpenPose 編輯器等工具中進一步調整。

圖 9-16 參考圖　　　　　　圖 9-17 骨架圖

03　勾選「Preview as Input」核取方塊，將預覽的骨架圖作為 ControlNet 的輸入，同時在下方的「模型」(Model) 下拉框內也選擇 openpose 模型（名字類似「control_v11p_sd15_openpose」）。

04　單擊右上角的「生成」按鈕，Stable Diffusion 就會根據傳入的姿勢生成新的圖片。

圖 9-18 所示是一個生成的例子。

圖 9-18

　　可以看到，生成圖片中人物的姿勢與原圖人物的姿勢非常相似。

　　除了直接使用 OpenPose 前處理器外，還可以使用 openpose_face、openpose_faceonly、openpose_full、openpose_hand 等前處理器，顧名思義，它們可用於控制面部表情、全身或手部姿勢等。原圖如圖 9-19 所示，各前處理器生成的骨架如圖 9-20 ～圖 9-24 所示。

　　透過這些不同的前處理器，可以靈活地選擇新圖中的人物要保留原圖的哪些特徵，如表情、姿勢、手部等。

圖 9-19 原圖

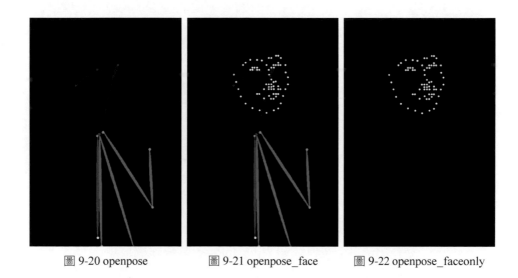

圖 9-20 openpose　　　　圖 9-21 openpose_face　　　　圖 9-22 openpose_faceonly

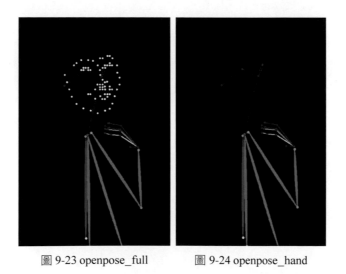

圖 9-23 openpose_full　　　　圖 9-24 openpose_hand

9.4.4 OpenPose 編輯器

　　9.4.3 節演示了如何從一張現有的圖片中提取姿勢的方法，這個方法雖然強大，但也有一些限制，例如需要有一張對應姿勢的照片才行，如果找不到合適的照片就麻煩了。如何讓生成的人物擺出任意我們想要的姿勢呢？可以使用 OpenPose 編輯器等擴展，非常方便地編輯人物姿勢。

1・安裝 OpenPose 編輯器擴展

　　首先，需要安裝 OpenPose 編輯器擴展。和安裝其他擴展類似，步驟如下。

01　單擊 Web UI 主介面頂部的「擴展」標籤，切換到擴展頁面。

02　選擇「從網址安裝」面板，輸入 OpenPose 編輯器擴展的倉庫地址：
https://github.com/fkunn1326/openpose-editor。

03　單擊下方的「安裝」按鈕。

　　如果一切順利，擴展很快就會安裝成功。如果遇到網路問題，也可以訪問 OpenPose 編輯器擴展的倉庫地址，手動下載整個倉庫的檔案，解壓之後放到 Web UI 安裝目錄下的 extensions 檔案夾下。

　　隨後，重啟 Web UI，再重新整理頁面，如果頂部導航那裡看到一個新的名為「OpenPose 編輯器」的標籤，如圖 9-25 所示，就表示安裝成功了。

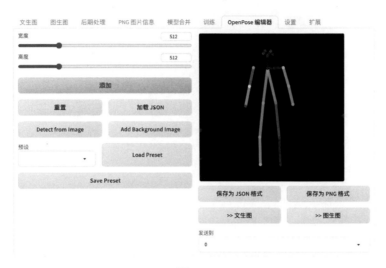

圖 9-25

2・使用 OpenPose 編輯器

（1）在 OpenPose 編輯器頁面的右側有一個人形的簡筆畫，是人物的骨架圖，可以調整它的關節和肢體，擺出想要的姿勢，然後單擊下方的「文生圖」按鈕，將編輯好的姿勢發送到「文生圖」介面。

（2）接著，在「文生圖」介面的 ControlNet 面板可以看到剛發過來的編輯後的人物姿勢。在這個面板中勾選「啟用」核取方塊，同時將下面的「前處理器」設為「none」，「模型」選擇「control_v11p_sd15_openpose」，其餘各項可保持預設或調整為你需要的值，如圖 9-26 所示。

圖 9-26

（3）隨後輸入提示詞、反向提示詞，選擇合適的模型，設定引數，單擊「生成」按鈕，即可生成指定姿勢的人物影像，如圖 9-27 和圖 9-28 所示。

圖 9-27

圖 9-28

在 OpenPose 編輯器面板，還可以新增多個人物骨架，實現多人場景中各角色姿勢的定製。

注意：ControlNet 對顯示卡的效能要求也較高，如果顯示記憶體不足，可能導致引導效果不佳。即使顯示記憶體充裕，有時生成的影像和指定的姿勢也可能不完全相同，這時可以調整引數或姿勢多嘗試幾次，或者換一個模型試試。

9.5 基於線稿的繪畫

除了使用提示語生成全新的影像，還可以基於已有線稿進行繪畫。

這個功能同樣依賴於 ControlNet 擴展，如果讀者還沒有安裝 Control-Net，請參考 9.4 節先進行安裝。

基於線稿繪畫還需要安裝 ControlNet 的 Lineart 模型，可訪問 ControlNet 模型頁面下載（檔案名類似「control_v11p_sd15_lineart.pth」）。

下載完成之後，將它放到 Web UI 安裝目錄下的「extensions/sd-webui-controlnet/models」目錄下即可。

9.5.1 線稿上色

來看一張線稿，需要給它上色，如圖 9-29 所示。

圖 9-29

在「文生圖」介面單擊開啟 ControlNet 設定面板，上傳這張線稿，勾選「Allow Preview」（允許預覽）核取方塊，在下方的「前處理器」「模型」中都選擇 Lineart 相關的選項，例如「前處理器」選擇「lineart_standard（from white bg & black line）」，「模 型」選 擇「control_v11p_sd15_lineart」。

單擊「前處理器」後方的「✕」按鈕，可生成預覽，再勾選「Preview as Input」（將預覽作為輸入）核取方塊，如圖 9-30 所示。

不要忘記勾選「啟用」核取方塊，否則 ControlNet 功能不會生效。

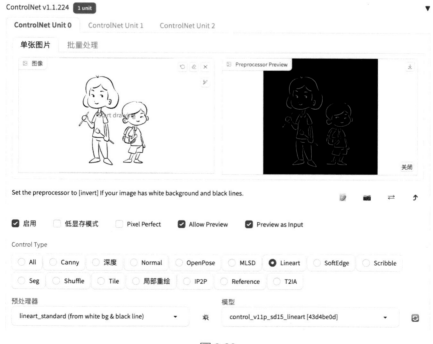

圖 9-30

其他配置及引數如下。

模型：MeinaMix

提示詞：mom and son, cartoon, Mother holds a paintbrush in her right hand, and her son is carrying a schoolbag, cute, clean background

反向提示詞：EasyNegativeV2

單擊「生成」按鈕，等待片刻，線稿上色就完成了。線稿以及完成稿的對比如圖 9-31 和圖 9-32 所示。

圖 9-31

圖 9-32

9.5.2 線稿轉 3D

接下來，再嘗試將這個線稿轉為 3D 圖片。

模型：Disney Pixar Cartoon Type A

提示詞：mom and son, 3d, c4d, Mother holds a paintbrush in her right hand, and her son is carrying a schoolbag, cute, disney style, clean background, ＜lora：3DMM_V7：1＞

反向提示詞：EasyNegativeV2

取樣方法：Euler a

ControlNet 引數的設定中，「前處理器」、「模型」都選中「lineart」對應的選項，Ending Control Step 設定為 0.5，如圖 9-33 所示。

其中 Ending Control Step 引數的含義是傳入的引導圖在前面多少比例
的疊代步數中生效,例如總疊代步數為 20 步,Ending Control Step 設為
0.5,則表示會在前 10 步中使用引導圖。這個引數如果設定得太小,可
能導致生成的圖片和線稿差異較多,設定得較大,可能導致 AI 不能充分
發揮,影像效果達不到預期。引數值具體設定為多少沒有統一的標準,
需要根據選擇的模型以及期望的效果多次嘗試。

圖 9-33

引數確定後,單擊「生成」按鈕,稍等片刻就能得到對應的 3D 影
像。線稿和生成的 3D 影像如圖 9-34 和圖 9-35 所示。

圖 9-34

圖 9-35

可以看到,生成的 3D 影像和線稿非常相似。

使用相同的方法,還可以將線稿轉為漫畫、真人照片等形式。當
然,要得到較好的效果,需要選擇合適的模型,設定合適的引數,同時

線稿本身也要滿足一定的要求，例如想把線稿轉為真人照片，那麼線稿的畫風最好盡量寫實等。

9.6 本章小結

Stable Diffusion 的功能非常強大，得益於其開源的策略，很多開發者以及藝術家為它貢獻了大量的工具和素材，這也進一步增強了它的功能。

除了基本的文生圖功能外，Stable Diffusion 還可以做更多，例如以圖生圖，修改圖區域域性問題，精確控制人物姿態，給線稿上色或者將線稿轉為 3D，等等，這也是 Stable Diffusion 相較於 Midjourney 更加強大之處。

到這裡，讀者應該對 Stable Diffusion 的主要功能已經有了一個基本的了解，不過要用好這個工具，還需不斷實踐和練習。另外，Stable Diffusion 還有一些更高級的功能，例如自行訓練模型等，這些功能較為複雜煩瑣，也並非每位讀者都需要，限於篇幅，本書沒有涉及，有興趣的讀者可另行尋找相關數據進行學習。

第 10 章
AI 繪畫的思考與展望

2022 年被稱為 AIGC（人工智慧生成內容）元年，在這一年，幾項 AI 技術取得了一系列令人矚目的進展，不但讓 AI 生成內容的品質得到了飛躍式的提升，還讓相關技術的門檻與成本都大幅降低。於是，AIGC 不再只是實驗室中少數專家的研究課題，而是迅速流行，成為普通人也能學習和使用的工具。AIGC 的流行為它帶來了更多的關注，吸引了更多的人才以及資源進入這個領域，這又進一步推動了 AIGC 的發展，形成一種相互促進、良性循環的狀態，讓 AIGC 的發展步入了一日千里的快車道。

圍繞 AIGC 這個話題，目前存在著很多爭論。有人對它心存疑慮，觀望不定；有人張開雙臂，熱情地歡迎它的到來；也有人十分警惕，甚至對它充滿敵意。不過，無論它是否被人們喜歡，都不可否認 AIGC 已經是一件不容忽視的新興事物，正以驚人的速度改變著藝術創作的形式和未來。

前面的章節中，我們介紹了 AI 的發展歷史以及 Midjourney、Stable Diffusion 這兩個 AI 繪畫平台，相信你對 AI 繪畫已經有了一個較為系統的了解。最後一章我們將探討 AI 繪畫在倫理和法律上遇到的問題，以及它可能帶來的影響。

10.1　AI 繪畫的倫理與法律問題

2023 年 1 月 23 日，美國三名藝術家對 Stability AI（Stable Diffu-sion）、Midjourney 和 DeviantArt 三家公司發起了集體訴訟，指控這些公司開發的 AI 繪圖工具在訓練過程中使用了大量未授權的影像，侵犯了數百萬藝術家的權利，構成了版權侵權。

這起訴訟引發了廣泛的關注與討論。我們知道，AI 繪畫工具的核心包括兩部分，分別是演算法和數據，演算法自然來自於 AI 研究者，而數據則是透過輸入海量素材進行訓練得到的，問題就出在這些素材上。

AI 繪畫訓練所用的素材主要是各種圖片，據稱三家被起訴的公司使用的訓練圖片數超過 50 億張，其中除了公共圖片和已授權的圖片，還包括大量具有版權但未被授權的圖片。

AI 是否可以無償使用那些受版權保護的圖片進行訓練呢？這一問題成為各方關注的焦點。

有相當比例的創作者認為不可以，甚至有一些藝術家發起了抵制 AI 使用自己的作品進行訓練的活動。然而，從技術上來說，這個限制很難實現，因為 AI 訓練所需的素材常常是海量的，監管方要辨別這些素材的來源是否合法非常困難，藝術家本人也不太可能有足夠的時間與能力去檢查各 AI 產品有沒有使用自己的作品進行訓練。

另一方面，也有許多人認為，應該允許 AI 使用各種數據進行訓練，因為這有利於新技術以及相關產業的發展，最終將造福整個人類社會。

總體而言，這是一個全新的問題，目前尚無明確的共識。

回到這起訴訟案件。2023 年 4 月，被告的三家公司發出回應，要求法院駁回集體訴訟，理由是 AI 創作的影像與藝術家的作品並不相似，而且訴訟沒有註明涉嫌濫用的具體影像。

　　截至本書編寫，案件還沒有最終定論，無論最終如何判決，這個案件的影響都將十分深遠。

　　在 AI 訓練所允許使用的素材方面，各國有著不同的態度。在中國，根據中國現行《著作權法》關於合理使用的規定，可適用於 AIGC 數據訓練的情形主要包括以下三種：「個人使用」、「適當引用」以及「科學研究」。

　　在主要先進國家中，目前持最開放態度的是日本。2018 年，日本修改了版權法，允許機器學習工程師免費使用他們找到的任何數據，包括受版權保護的數據，只要目的「不是為了享受作品中表達的思想或感受」。

　　在美國，版權法包含一項「合理使用」原則，只要使用者對作品做了顯著改變且不威脅版權持有人的利益，通常允許在未經許可的情況下使用受版權保護的作品。但這個合理使用是否包括訓練 AI 模型還有待確定，當前正在進行的案件的判決可能會給這個問題一個定論。

　　在歐盟，開發者也可以自由使用受版權保護的作品進行研究，但在即將發表的《人工智慧法案》（*AI Act*）中，開發者被要求必須披露在 AI 訓練中使用了哪些受版權保護的作品。

　　該法案的草案已於 2023 年 6 月 14 日在歐洲議會上透過，接下來歐洲議會、歐盟成員國和歐盟委員會將開始「三方談判」，以確定法案的最終條款。若一切順利，該法案預計將在 2023 年年底獲得最終批准，有可能成為全球首個關於人工智慧的法案，不過距其完全生效可能還需要數年時間。

　　歐盟在立法上常常走在世界前列，其一些法規往往會成為事實上的全球標準，因此歐盟的這部《人工智慧法案》可能對後續各國的相關立法產生重大影響。

　　除了訓練素材，還有一個無法迴避的問題：AI 生成的作品究竟歸誰

所有？

　　對於傳統畫師來說，作品只要不涉及抄襲，版權通常便自然而然地屬於創作者，很少會有爭議。但對 AI 繪畫來說，情況是否相同呢？

　　這個問題也沒有簡單的答案。AI 的繪畫技能並非憑空而來，它們的數據庫中彙集了無數人類藝術家的作品，生成的作品有可能與某條素材相似，或是形似若干素材的組合拼接，要辨別哪些作品屬於 AI 原創，哪些作品侵犯了人類藝術家的版權，是一件非常困難的事。

　　即使認定生成的影像屬於原創，沒有侵犯任何人類藝術家的版權，那麼這張圖片屬於誰呢？是屬於使用 AI 繪畫工具進行創作的人，還是屬於 AI 繪畫工具的開發者或平台提供方？

　　目前，不同的 AI 繪畫工具或平台對產出畫作的歸屬有著不同的協定。對 Midjourney 平台來說，如果你是免費使用者，那麼生成的作品屬於 Midjourney 公司；如果你是付費使用者，那麼作品屬於你，你可以將它用作包括商用在內的各種合法用途。對 Stable Diffusion 來說，如果你是在自己的裝置上執行並生成了圖片，那麼圖片屬於你；但如果你是在某個基於 Stable Diffusion 的雲平台生成了圖片，那麼圖片的具體歸屬則要看對應平台的協定。

　　隱私問題也是 AI 繪畫需要關注的問題。有一些圖片可能並不是公開數據，或者包含一些個人或組織的隱私訊息，但因為種種原因成為 AI 的訓練素材，這可能會導致隱私訊息洩露，例如使用這些素材訓練的 AI 可能會偶然生成包含隱私訊息的影像。

　　另外，AI 雖然很擅長學習繪畫技巧，但對不同文化以及習俗的理解仍相對有限，在一些文化中正常的內容在另一些文化中可能是不受歡迎的，AI 可能會在無意中生成包含偏見或歧視內容的圖片，從而引發道德和倫理問題。

　　即使以上問題我們都能圓滿解決，AI 繪畫仍可能帶來新的問題。例如，隨著 AI 技術的發展，AI 繪畫可能會搶占一部分人類藝術家的工作，導致部分人類藝術家失業或者生存空間受到擠壓，而這可能還只是 AI 全面搶占人類工作的一個縮影。

　　從更高的層面來說，一項技術只有能提升人類整體的生活水準或者幸福感，才會被認為是有益的，否則，無論它多麼炫酷，也終將被扔進歷史的「垃圾堆」。那麼，AIGC 會是怎樣的技術呢？它在搶占一部分工作機會的同時，是否能帶來更多新的機會，讓我們的世界變得更美好？這是一個更宏大也更嚴肅的問題，也許需要無數人一起努力才能最終找到答案。

10.2　與 AI 繪畫共處的未來

　　AI 繪畫是藝術創作領域一項前所未有的變革，它並不是一種新的藝術風格，也不是一件新的繪畫器具，而是一種新的繪畫方式，它的出現，可能會徹底改變藝術家們沿襲了數千年的創作方法。

　　預測未來是困難的，儘管 AI 繪畫已經表現出了一些明顯的趨勢，但要預測它究竟會帶來什麼，仍然不是一件容易的事。不過，我們可以參考歷史上曾經發生過的類似變革，以此來窺探那即將到來的我們與 AI 繪畫共處的未來。

　　一個類似的變革是相機的出現。

　　回顧歷史，我們可以發現在相機出現之前，肖像畫曾是一種很重要也很常見的繪畫形式，然而，它通常昂貴且耗時，一般只有貴族或者富人才能請得起畫師為自己繪製肖像畫，同時，即使是貴族或者富人，一

生中能留下的肖像畫也寥寥可數。可以說，肖像畫曾經是身分和地位的象徵。

　　但是，照相技術出現之後，一切發生了變化。相機也能捕捉人物肖像，而且更快、更精準，也更便宜。很快，幾乎所有人只要願意就可以擁有自己的肖像照片，這種照片也許不如傳統肖像畫那麼漂亮，但在還原度上卻超越了大部分畫師。

　　可以想像，在照相技術出現的早期，一定也有很多人認為這種技術缺乏藝術性，無法與畫師精心創作的肖像畫相比。他們也許是對的，但事實卻是相機在肖像等領域打敗了有著悠久歷史的傳統選項，變得越來越流行，而且隨著技術和理論的發展，一種全新的藝術形式 ── 攝影藝術誕生了，同時誕生的還有攝影師這個新職業。

　　時至今日，隨著帶拍照功能的手機的流行，攝影更是成了一件幾乎沒有門檻的技能，肖像照也早已在絕大部分場合取代了肖像畫。如果算上自拍，很多人一天的肖像照數量就比從前的人一生所擁有的還要多，更不用說和更早時期只能靠畫師繪製肖像畫的先祖相比了。

　　另一個類似但更遙遠的變革是農業的發明。

　　遠古時期，我們的祖先曾經不會生產食物，生存所需的一切都要從大自然獲取，這個時期的人類被稱為「食物採集者」。

　　食物採集的效率是低下的，祖先們常常需要在叢林中探索很久，才能尋得一些果實。終於有一天，一些聰明人搞清楚了植物生長的規律，他們種下了植物的種子，悉心照料，最後收穫了可以果腹的食物。於是，農業誕生了。

　　回想一下畫師們的工作，在 AI 繪畫出現之前，畫師們要產出畫作，唯一的辦法就是親身前往創意的叢林，一步一步（一筆一畫）地探索，最終帶回自己的作品。這個過程對畫師的技能要求很高，充滿艱辛和挑

戰，一些偉大作品的誕生過程甚至可謂驚心動魄，但同時，這個過程也是低效的、高成本的、難以大規模複製的。

但一些聰明人找到了一種新的方法，只需以某種方式將現有的圖片當作種子種下去，就可以收穫更多類似的新圖片。

在這裡，AI 演算法就類似於作物的種植方法，各種圖片素材類似於種子，訓練出來的模型則類似於播下種子後的農田，畫師們要做的，就是在不同的農田中使用提示詞篩選自己需要的果實。

這是一種全新的生產創作方法。也許農田中物種的多樣性比不上自然界，但不可否認的是，農田的產出更多、更穩定，而且從實用的角度來看已經足夠好了。

儘管 AI 繪畫背後的原理很複雜，但作為普通使用者，我們不必深究那些技術細節，只需掌握它的用法，知道它擅長做什麼，以及它不擅長做什麼就可以。就像現代社會，每個人都可以用手機拍照，卻不必了解鏡頭成像的技術細節一樣。

同時，對 AI 的能力我們也要有一個理性的認識。如果對 AI 抱有過高的期望，認為 AI 能解決所有問題，恐怕很快就會遭受失望；同樣地，抗拒 AI，看見 AI 生成了有問題的影像就加以嘲笑，進而一味地否定 AI 的價值，也不是正確的做法。和人類曾經發明的其他工具一樣，AI 也是一種工具，既然是工具，就總會有所長短，我們應該使用它的長處，避開它的不足。

從短期來看，AI 繪畫還有很多地方無法與優秀的人類藝術家相比，但它已經能很好地完成很多從前需要大量繁瑣步驟才能搞定的工作，而且能力正在快速疊代提升中。用好它，也許可以大幅提升你的創作效率，讓你從無趣的重複勞動中解放出來，將精力放到更廣闊的藝術探索中去。

從中長期來看，AI 繪畫必然會讓藝術創作的成本和門檻大大降低，讓我們步入一個藝術作品十分豐饒的世界。這樣的世界究竟是什麼樣子，現在的我們可能還很難想像，就像相機和農業出現之初，沒有人能想到它們給世界帶來的改變一樣。

我們尚處在此次浪潮的早期，一方面給我們帶來學習新知識的壓力，另一方面也給我們帶來了新的機遇。每個人的情況不同，具體的應對策略取決於你的職業以及規劃，但只要以開放的心態保持學習，就一定能在這次浪潮中找到適合自己的路線，成為更好的自己。

10.3　本章小結

本章探討了 AI 繪畫在倫理和法律上的一些問題，作為一個新興事物，AI 繪畫正面臨著很多爭論，其中一些爭論可能會持續很久。

可以預見，未來一段時間裡 AI 繪畫將持續高速發展，產生越來越大的影響，進而深刻地改變藝術創作的形式。

荀子《勸學》中有這麼一句話：「君子生非異也，善假於物也。」意思是「君子的資質秉性跟一般人沒什麼不同，（只是君子）善於藉助外物罷了。」我們就以這句話來結尾，希望讀者朋友們都能掌握 AI 繪畫技能，並藉助這個強大的工具繪製出更精彩的世界。

商用級 AIGC 繪畫創作與技巧 (Midjourney+Stable Diffusion)：

AI 繪畫的基本概念、發展歷史、使用方法……步入 AI 繪畫的世界，學習 AI 繪畫的技能，並感受 AI 繪畫的魅力！

作　　者：菅小冬
發 行 人：黃振庭
出 版 者：崧燁文化事業有限公司
發 行 者：崧燁文化事業有限公司
E-mail：sonbookservice@gmail.com
粉 絲 頁：https://www.facebook.com/
　　　　　sonbookss/
網　　址：https://sonbook.net/
地　　址：台北市中正區重慶南路一段六十一號八
　　　　　樓 815 室
Rm. 815, 8F., No.61, Sec. 1, Chongqing S. Rd.,
Zhongzheng Dist., Taipei City 100, Taiwan

電　　話：(02)2370-3310
傳　　真：(02)2388-1990
印　　刷：京峯數位服務有限公司
律師顧問：廣華律師事務所 張珮琦律師

國家圖書館出版品預行編目資料

商用級 AIGC 繪畫創作與技巧 (Midjourney+Stable Diffusion)：AI 繪畫的基本概念、發展歷史、使用方法……步入 AI 繪畫的世界，學習 AI 繪畫的技能，並感受 AI 繪畫的魅力！ / 菅小冬 . -- 第一版 . -- 臺北市：崧燁文化事業有限公司，2024.05
面；　公分
POD 版
ISBN 978-626-394-217-2(平裝)
1.CST: 電腦繪圖 2.CST: 電腦圖像處理 3.CST: 人工智慧
312.86　　113004614

定　　價：580 元
發行日期：2024 年 05 月第一版
◎本書以 POD 印製

電子書購買

臉書

爽讀 APP